U0007504

JOB
GUIDE
向智者
學習

深思快想

瞬間看透事物「本質」的豐田思考術

JOB GUIDE

DEEP & FAST

深く、速く、考える。「本質」を瞬時に見抜く思考の技術

THINKING

KIMIO INAGAKI
稻垣公夫

林雯 譯

推薦序

深思考與淺思考的差別

湯明哲
美國麻省理工學院企管博士
現任教於台大國際企業學系

豐田汽車稱霸全球市場已三十多年，目前沒有公司能超越豐田，我們以前所了解的是豐田品質管理最好，以六個標準差（6 sigma）的超高標準嚴格要求品質。其實六個標準差只是品質管理的技術，在六個標準差管理技術的深層指導原則下，是豐田追根究柢的文化；品質出了問題，豐田的員工會追根究柢挖掘出造成品質缺失的因素，一定會問五個為什麼（WHY?），找到了最根本的原因，再據以改善。改善後的管理流程，一定建立標準作業程序（SOP），讓品質的問題不會再發生。因為要追根究柢，所以要（現地現物），在現地現物的觀察下，再進行（精實），不斷地改善流程，減少浪費。一輛汽車有一萬個零件，每個零件平均要一百個流程，就有一百萬的流程有改善的空間，汽車公司之間的比較就在於，誰有能力改善最多的流程？在管理上最大的挑戰就是如何讓「每一個」員工都用心，全心全力地進行精實的改進。這又要歸因於豐田的領導管理哲學，參與式管理，尊重個人等的豐田ＤＮＡ，這樣專注，精實，孜孜矻矻，持續不懈的精進，造就豐田打遍天下無敵手的豐功霸業。這是我十年前替豐田管理寫序的了解。這本書又從另外的角度來看詮釋豐田管理。本書認為豐田管理的特色不是我們所了解的執行力，而是豐田員工的思考力！而且是深入思考的能力。所謂深入思考的能力就是解釋事物產生的因素，和這些因素間的因果關係。深思考和淺思考的差別就在於對於現象（例如品質不佳）了解的程度，因此所提出解決方案的效果也會有天壤之別。

例如，二〇一五年油價從每桶一百美元三個月內跌到五十美元，淺思考的反應一定是：原油市場供需不均衡，但不均衡是短期還是長期的？淺思考無法回答這個問題，深思考要問：Why？為何三個月內跌了一半？供需不可能在三個月內差別這麼大！原因是石油價格彈性小，所以供給小量上升，會造成價格大幅降低。原油供給量為何上升？why？原因是因為產量增加來自於美國的頁岩油產業的產出增加，美國頁岩油產業為何在此時增產？why？那是因為有新技術讓頁岩油產出成本下跌。但油價下跌傷害最大的是石油輸出組織的產油國，他們為什麼不減產？why？專家懷疑這是石油輸出組織想打擊美國頁岩油業者，降價可以逼他們退出市場。如果如此，油價的下跌只是暫時的。所以深入思考，多問幾個為什麼，會得到不同的答案。

台灣的電子業視韓國三星為勁敵，想要打敗三星，淺思考的反應一定是：韓國三星是韓國政府補貼出來的產物，這是不公平的競爭，台灣也應該補助產業好和三星一較長短。深思考要問為什麼三星能夠獨占電子業的鰲頭？能夠拿到世界第一名的企業絕對不是補貼出來的企業（中國大陸除外），三星一定有獨特策略和管理方式，台灣不深思三星成功的祕密，看到三星在DRAM、TFT-LCD產業的成功後，就說：韓國行，台灣也行，九〇年代大量投資進入這兩個產業，結果在這兩個產業一敗塗地。累積虧損超過一兆台幣。隨後在LED和太陽能產業又犯一樣的錯誤。

如何培養深思考的習慣？其實就是多觀察，多問why？破除很多「想當然耳」的常識，多想想因果關係。當然對於很多碰到的經濟現象，不見得有很好的解釋，但只要將問題藏於心中，常常想，總有一天破繭而出，舉例而言，美國的Walmart在百貨業也是打敗天下無敵手，數十年來，沒有百貨公司與其爭鋒，我在美國大學教Walmart的案例連教十年，認為它就是會殺成本，苛刻供應商，但為什麼其他百貨公司學不會？而且學Walmart的K-mart還倒閉了？直到有一天讀到「模仿的不確定性（uncertain unimitability）」的理論，才恍然大悟。Walmart的淨利只有三%，但週轉率高達十至十二倍，所以股東報酬率高達三〇%，競爭者只看到高的股東報酬率，就想模仿，但不容易全部了解Walmart賺錢的因果關係，百貨公司的作業有千千百百的活動，有一點模仿不到位，淨利就少了〇．一%，百分之一的作業活動（例如存貨的控管）模仿不到位（這就是模仿的不確定性），淨利就消失不見。所以美國沒有公司能夠成功模仿Walmart，直到亞馬遜（Amazon）以電子商務的模式打敗Walmart，想通了後，發現同樣的理論也可以解釋美國西南航空（Southwest Airlines）為何可以長期成功。

書中舉了很多案例，讓讀者演練因果關係圖。深思考就是將複雜的現象理出因果關係，從而可以掌握到問題的根本核心，解釋過去和預測未來。

我碰到大公司的CEO都是思考家（thinker）而不僅是執行家（doer），傑出公司的傑出策略都是「苦思」下的產物，因此我認為深思考的習慣是所有高階主管必備的能力，EMBA所教的課程內容就在於教授企業現象的因果關係。唯有透過不斷深度思考的訓練，就會「快想」，才能成就高級管理人才。本書對於深思考的介紹和演練，值得所有有志於企業管理的人才好好細讀，深思。

推薦序

抽象與具象的靈活轉化

溫肇東
東方廣告董事長／創河塾塾長
政治大學科技管理與智慧財產研究所兼任教授

這套「深思快想」的方法是根植於豐田汽車的實務經驗，加上作者不斷地精鍊而成。豐田汽車這家橫跨二個世紀、雖有起伏而依然卓越的公司，在人才養成及工作方法上確實有其獨到之處。從早期的「看板式管理」（Kanban Management）、TPS（Toyota Production System）、精實管理（Lean）、到「紙一張」的整理技術，都成為企業各界廣泛學習的標竿。

成功的企業當然需具備很多要素，除了會持續改善流程、製造產品外，還要能「創造知識」，也就是野中郁次郎所說的"Knowledge creating company"。豐田在競爭激烈的汽車市場，不論從紡織機械轉進到汽車業，在國民車、高級車、油電混合車、電動車等都能保持領先，其團隊創新、選才、育才的功夫值得我們探究。

本書作者稻垣公夫除了在NEC歷練了深厚的實務經驗，對豐田營運的研究、豐田的人才培育方式，在因緣際會下而有多重的學習和操練。在ＡＩ人工智慧、「深度學習」當道之際，以往較定型的工作，或重視「學習效率」的能力已經不夠了。本書指陳出一條綜合的思考方式，在抽象與具象（類比與現實連結）間靈活轉換的「深度思考」能力才是關鍵。

作者在闡述這套方法時用了很多有趣、讓你意想不到的例子，都相當有啟發性，例如：ＡＫＢ48成功的主因；從德川家康為何要在江戶建立幕府，分析了戰國時代糧食不足、築城技術，以及關東平原的地形特性等原因，如何穩定了德川家康的政權；如何將設計變數依「吸塵器」運作原理，落實顧客價值變數。透過這些「因果關係圖」分析，應有助於讀者舉一反三，提升「抽象化思考」的能力，練習多了速度也會變快。

第四章為協助讀者汲取「商業模式本質」的素材，作者特別舉了一些連鎖餐廳和服務業的例子；雖然都是日本的案例，如：大戶屋、丸龜製麵、便利商店等，這類的例子在台灣也很容易觀察到，讀者較容易從其門市或自身消費經驗去著手了解，進而練習用「因果關係」的圖解剖析其獲利機制。一樣是連鎖餐廳，我們可發現他們能夠成功，其實是各有其「跳脫常識思考」之處。

本書和之前另一本《快思慢想》不只書名有些雷同，內容也有相通之處；不過本書在理論架構上沒那麼宏偉複雜，主要是以實務推導，比較簡單易讀。藉著「深入思考」日常事物，借用他人構思再加以整合，除了學習將現象的共同特徵抽象化，類比思考也教你找出深層結構的共同點，同時可向不相干領域借點子，很快找到解題的線索。

最後作者提出在日常生活中可以簡易進行的訓練，如：城鎮調查、商業模式研究，以及從因果關係思考歷史等做法。城鎮調查即把自己當一位巷弄間的人類學家，耳聽四面、眼觀八方，提高對周遭人、事、物的敏銳度，「為什麼這間店會倒閉？」、「為什麼附近診所很多？」多提出因果關係的假設，然後去找證據來驗證。商業模式的研究則從發現「有趣的店」開始，並找機會親自去體驗，用心觀察、不斷自問自答，然後繪製因果關係圖，進行類比思考。作者也介紹了幾本以日本史為主的歷史書籍，都是有強烈「因果關係」意識的書，我想不同語言都有類似的著作。

如前所述，這套方法作者已在不同場域（如：學校、國際會議、業界工作坊）開課或教育訓練，累積許多經驗而寫成這一本很「實務」的書。對喜歡頭腦體操、想培養抽象化能力，或與其他具象案例類比連結能力的讀者，應該都會有「深思快想」收穫。

前言

「深思快想」原本是我提高產品開發能力課程的內容。在不斷嘗試錯誤（trial and error）的過程中，我發現這個方法也可當做一般職場人士的思考訓練。於是我把這些知識彙整出來，寫成這本書。

隨著經濟全球化，先進國家（Developed country）與新興國家在教育、技術方面的水準愈來愈接近，而人事費用便宜、優秀的新興國家人才和人事費用昂貴的先進國家人才，搶工作的情況愈來愈多，日本也漸漸避免不了。因為人工智慧、機器人等技術發展更快，定型的工作多由機器取代。

「先進國家持續高薪的工作」的概念也不得不轉變為「創造性、非定型的工作」。也就是說，從前重視的是「高效率學習能力」，職場人士必須能迅速吸收既有知識；但現在需要的是「深入思考能力」，因為它能創造出新知識。

戰後日本的高度經濟成長震驚全世界，在一九八〇年代到達高峰。但九〇年代以降，日本的國際經濟地位持續下降，尤其長期領導日本產業的ＩＴ、家電、半導體等綜合電機廠商中，許多有企業出售、撤退及大規模裁員的情況。恐怕很少人在五年前就能想像到夏普、東芝的現狀。

但即便如此，日本的汽車業仍能在全球化競爭中勝出。尤其豐田汽車二〇一六年三月的綜合財務報表上，銷售額是二十八兆四千億圓（依二〇一七年六月二十七日臺灣銀行新臺幣兌日圓匯價〇．二七，約新臺幣七．七九兆元），營業利潤是二兆八千五百億圓（約新臺幣七千八百億元），這是相當驚人的數字。說該公司是日本戰後最強企業之一，一點也不為過。

美國對豐田生產、組織、產品開發的研究比日本還多。這是因為八〇年代美日經濟摩擦激增，該公司因外來的強烈干涉，遭半強迫地公開專業技術。許多美國的研究、技術人員進入豐田，豐田還和通用汽車（ＧＭ）在加州設立合資企業「新聯合汽車製造公司」（ＮＵＭＭＩ）。這一連串的過程，是美國的大學、企業學習豐田的「強項」，並將之系統化的一大契機。

這些交流對當時的豐田來說，除了避免摩擦以外，應該沒有太多好處。不過，經此過程，該公司經千錘百鍊的專業技術，除了美國之外，也被全世界許多製造業採用，獲得比日本國內還高的評價。

需要深入思考能力的「A3報告書」

我也在美國豐田研究的重要據點——密西根大學留學過，當時因為豐田研究大師傑弗瑞・萊克（Jeffrey K. Liker）的提攜，我才有機會翻譯他的《豐田模式：精實標竿企業的14大管理原則》（*The TOYOTA Way - 14 Management Principles from the world's greatest manufacturer*）等著作。

密西根大學助理教授艾倫・渥德（Allen C. Ward）提出的「精實產品開發」手法，就是以豐田的產品開發為基礎，加以系統化而成的。大約五年前開始，他將此手法逆輸入回日本，在日本舉辦製造業的諮詢活動，以便將此手法推廣到日本企業。

這個時候，我第一次發現提高「思考力」的重要性。

豐田公司有很多獨特的工具，「A3報告書」可說是其中的代表。A3報告書就是把各式各樣的報告、企劃等全集中在一張A3大小的紙上；必須盡量刪除無用的描述，讓本質更明確，並把創新的構想化為具體步驟。要做到這種程度，非常需要深度思考能力。而豐田藉由把這項工具放在工作核心，使公司內的問題解決能力、知識管理能力都突飛猛進。

豐田公司在員工進公司第一年就教會他們這種資料製作法，經由反覆實行，確實訓練出員工的思考力。

A3報告書有極大威力，也是把「精實產品開發」模式導入企業的必要工具。但如果不是豐田員工，平時沒接受過深入思考訓練，要製作A3報告書會有相當難度。實際上，我的企業客戶中，在上過A3報告書的訓練課程後，可以馬上學會的工程師大約只有一成。

為了有效引進這麼困難的手法、制度，有必要改變員工的思考模式。所以我開始為四家企業客戶、近六十名產品開發工程師開設「深思快想」課程，提高他們的思考能力。

下頁就是深思快想的整體輪廓，正文中會更詳細說明。它的重點之一就是把事物的因果關係畫成「**因果關係地圖**」。先閱讀約一張A4紙的資料，再把內容分

深思快想的整體輪廓

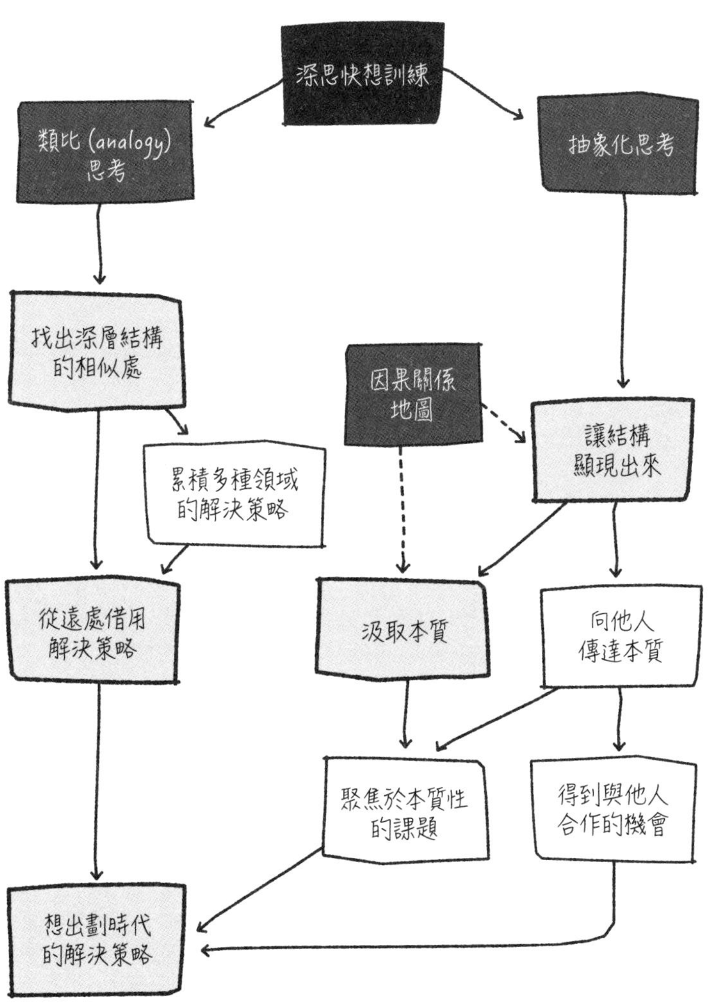

深思快想訓練
類比（analogy）思考
抽象化思考
找出深層結構的相似處
因果關係地圖
讓結構顯現出來
累積多種領域的解決策略
從遠處借用解決策略
汲取本質
向他人傳達本質
聚焦於本質性的課題
得到與他人合作的機會
想出劃時代的解決策略

成幾個框框，理解「這份資料在說什麼」（抽象化）」，找出框框之間的連結（因果關係），然後畫成圖。不追求憑直覺而產生的答案，而要藉由反覆俯瞰整體狀況，快速彙整因果關係，以培養出迅速深入思考的能力。

在實際工作時，本書的其他思考工具如「抽象化思考」、「類比思考」等，對解決問題與產生構想也很有幫助。「抽象化思考」是與現實保持連結，漸漸提高抽象程度，而非立刻把自己的問題本質抽象化。「類比思考」則是為了解決問題，借用與自己較不相干領域的概念。

豐田員工花五年學會什麼樣的思考法？

實施這項課程的公司都有顯著的成果。某軟體公司在課程開始六個月後，對參加者進行問卷調查，其中有九五％回答「覺得對今後的業務有幫助」，八〇％回答「覺得思考模式改變」，六〇％回答「有時覺得周圍的人（未參加課程者）的思考方式怪怪的」。

有位美國籍前豐田員工在仔細看過課程內容後，說出他的心得：「在這項課程可以學到的思考方式，在豐田稱為『Zoom in Zoom out』思考」，但就算是豐田員工，也得花五年才能學會。」「Zoom in」指具體思考，「Zoom out」指抽象思考。「自由往返於具體與抽象間」，也是豐田思考法的重點。因此，深思快想可說是豐田有效率的培育人才手法之一。

二〇一六年四月底，本書完成校稿，我受邀參加在倫敦郊外舉行的精實產品開發國際會議『LPPDE』。會議中，我發表演講，說明會議基本方針，同時介紹本書的方法，得到聽眾意料之外的共鳴，演講後的問答時間提問也相當踴躍。一位法國顧問公司社長稱讚我的演講是「這次會議中內容最具原創性的演講」。他也參加了隔天舉辦、長達約三小時的深思快想訓練工作坊，並表示：「這和我錄用顧問時設計的測驗很相似，但沒想到可以當做企業客戶的員工教育訓練。這類教育訓練需求在歐洲非常多。」

過去歐洲歷史上，也研究出各式各樣的思考法。其實我覺得，除了我之外，可能還有人創造出類似的方法。因此，他這樣的反應也讓我很意外。

聽到「深入思考」，多數人會誤以為要像哲學家一樣思考，所以覺得是很難的事，也許還會有點害怕。但事實上，「深入思考」不一定需要「高IQ」或「高深的專業知識」，因為兩者並不相干。就算與艱深的主題有關，淺薄（＝只有表面）的思考方式也無法提高思考力。

深思快想是藉由反覆「深入思考日常問題」，訓練思考的能力與速度。請大家放心，「深入、快速思考的能力」與職業種類、智力、知識水準無關，且能經由訓練而學會。

具體來說，本書會用「為什麼ＡＫＢ48能成功？」「為什麼德川家康要在江戶成立幕府？」「鳥貴族為何賺那麼多？」等身邊容易取得的材料當做例子，加上相關的問答來進行討論。

我們馬上開始吧！

深思快想——目次

深く、速く、考える。

第3章 如何繪製「因果關係地圖」 085

第4章 取得材料——汲取商業模式的「本質」 133

第5章　向不相干領域借點子——把「本質」應用在其他領域

尾聲 把深思快想變成每日功課

緒論

人類腦中有「思考的習慣」

智人的腦已經幾十萬年沒更新了

腦是我們體內最謎樣的器官，近十年來，腦部相關研究突飛猛進。在討論「深思快想」前，我想先談談最近人類腦部研究的新發現中，與本書主題有關的幾個重點。

據說現代人類（Modern man）的起源大約在幾十萬年前的非洲。從在熱帶草原生活的時代開始，人類的腦並沒有足夠的時間隨著生活、知識、技術的發展一起進化。也就是說，我們的腦只能適應幾十萬年前的生活，但必須在現今高度複雜的世界裡生存。

用軟體來比喻的話，我們的腦就像是一．〇的版本，已經幾十萬年沒更新了。這種狀況下，開發者之間一般會產生「設計漏洞」。漏洞（bug，又稱程式錯誤）通常指未依照工序說明書（要求軟體必須滿足特定條件的文件）操作，「設計漏洞」則是「工序說明書本身不符合使用者的需求」。

這種「腦部漏洞」的最大影響，就是讓我們的腦傾向淺薄的思考，而非深度思考。其中一個理由是，幾十萬年前非洲的生活環境充滿危險，不知何時會遭遇猛獸襲擊，比起深思熟慮，稍稍感覺到危險徵兆就反射性地採取行動，比較能提高生存機率。如果猛獸趨近時還在沈思，人早就死了，而這樣的基因傳給子孫的機率也降低了。

這又為現代人帶來哪些問題呢？具體來說，其中一種就是在腦中建立起「常識的藩籬」。人類如果反覆做同樣的事，熟練之後，不加思索就可以做到。拜此之賜，工作可以很有效率，但也會開始堅信「這項工作就是要這樣做」、「只能用這個方法」。

這個設計漏洞的另一個負面影響是，當我們面對難題時，會深信腦中浮現的第一個解決策略是最好的，因而做出「已有定論」的行動。所以，儘管我們的腦部有深入思考能力，也沒有使用的習慣。

什麼是「理解」？

人類腦部研究還有一項重要的新成果，跟「理解」有關。最近發現，**「理解」就是把新事物和已知事物連結起來**；也可以反過來說，「結合未知與已知事物，對腦部而言是容易理解的方式，也是人類認知的習慣」。說理解是「結合新事物與熟悉事物」，或許有點難懂；簡單來說，就是人類腦部用類比的方式來理解事物；亦即運用語言，以「將抽象事物比喻為具體事物」的方式來理解。

有句成語「上屋抽梯」（譯注：孫子兵法三十六計之一），就是把「假之以便，唆之使前，斷其援應，陷之死地」的抽象狀況（任何場合都可能有此狀況）用比較具體的「對方用梯子上屋頂之後，就拿走梯子，讓他下不來」來比喻。

綜合以上所說，表現「抽象概念」的語言，是由較具體的語言藉由類比而創造出來的。

此外，「理解」有深有淺，而理解程度的差別是從哪裡產生的呢？

具體來說，就像**圖表1**顯示的，**新事物若能與多數已知事物連結，就是「深入理解」，相反地，若只有少數連結，就只有「淺薄的理解」**。

舉個例子來思考看看。

大家記得中學自然科教過的歐姆定律（Ohm's law）嗎？它的公式是「電流＝電壓／電阻」。光看到公式，可能有些文組人就開始頭痛了。

若只把這個公式硬背下來，就是標準的「淺薄的理解」。

光是死記，腦中就只有公式單獨存在，沒有和其他東西產生連結。當然，如果死背下來，考試也許還是能得分，但假如記成「電壓＝電流／電阻」，答案就完全錯了。

因此，我以「用水管連接大水桶，向庭院灑水」來比喻電的這種現象。大家來想像一下吧！

圖表2中，電流、電壓、電阻的比喻如下：

- 電流＝每單位時間平均從水管流出的水量
- 電壓＝水的壓力（水桶內水位與水管出口高度之差愈大，水壓愈高）
- 電阻＝水管中水流動的難度（水管愈細阻力愈大）

圖表1　淺薄的理解與深入理解

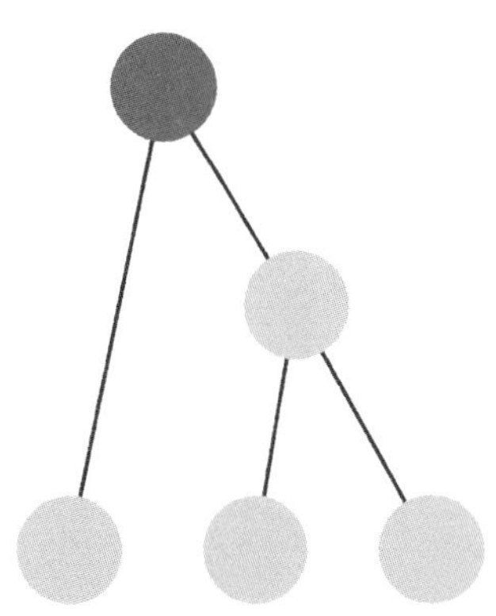
淺薄的理解

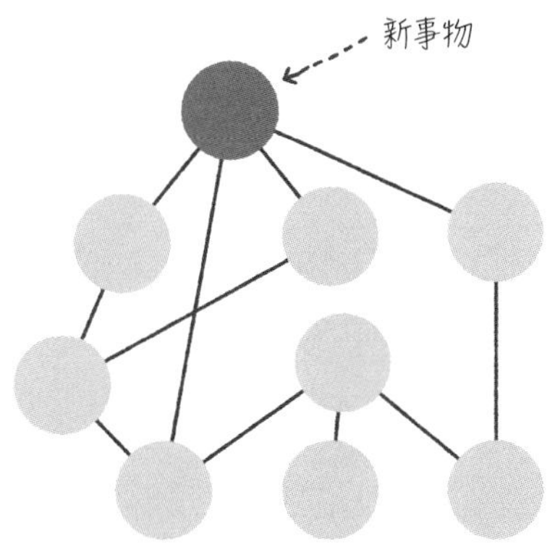

深入理解

經過這樣的比喻，你就會了解水桶位置愈高，水壓（電壓）就愈高、水（電）流量就愈多；以及水管愈粗（阻力愈小），水流量愈多。

這個比喻還不錯吧？過去生活中存在用水管灑水的記憶，這是「透過自己的體驗而知道的事」，把它拿來和電力互相對照，能讓理解更深入。藉由替換成身邊的事物，就能充分理解無影無形、抽象離奇的「電」。

因此，要深入理解各種事物，必須與腦中許多知識結合在一起。

還有一個問題，什麼是深入理解？以歷史為例來思考看看吧！

圖表2 和已知事物連結

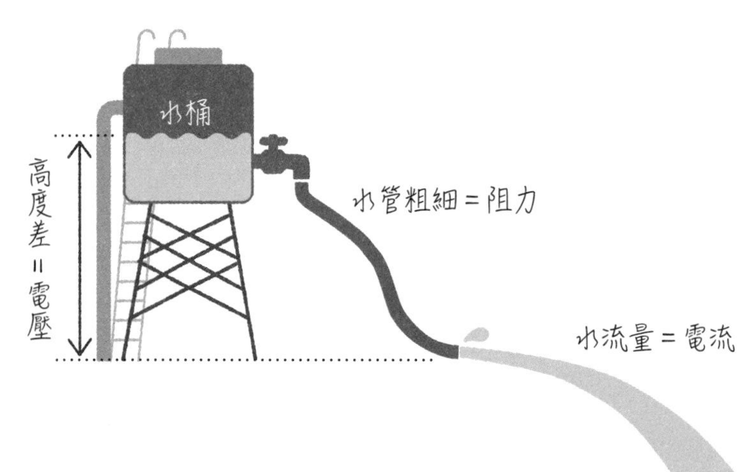

對歷史只有淺薄的理解，就是只知道「哪一年誰做了什麼」；對歷史深入理解，就是連歷史事件間的關聯（因果關係）與歷史之外的要素（經濟、軍事、技術、地形、氣候變化等）也知道。

也就是說，理解愈深入，就會有愈多事物串在一起、形成記憶。

以淺薄方式理解的知識可說是「點的知識」，深入理解的知識則是「面的知識」，後者的記憶確實可靠，且能充分運用。

知識與知識間的關聯大部分是「因果關係」。想知道因果關係、老是問「為什麼」，是人類腦部的基本功能。小孩子纏著父母問「為什麼」，是非常自然的事。

幼兒遇到新事物時，去觀察、聆聽、嗅聞、碰觸、移動該事物，把它與過去的經驗結合在一起，就是深入理解；若只記住「這麼做就會變成那個樣子」等單純的因果關係，就是淺薄的理解。淺薄的知識只能用在極少數情況。

因此，要深入理解事物，比起分別記住多種知識，更重要的是要把這些知識像網絡一樣串連起來。串連愈多，理解愈深，就能漸漸培養出深入思考的能力。

理解愈深，就有愈多事物連結起來，形成記憶。

看不見「深層結構」的理由

人腦還有一個大問題，就是「看不見深層結構」。這裡所說的「深層結構」是指複雜現象背後的因果關係等結構。換個方式說，就是人腦不擅長抽象化。為了讓大家體驗這一點，請挑戰以下兩個問題。兩題都很難，答對機率約一成左右。

問答①

假設你是醫生，有位患者胃部長了惡性腫瘤。患者的狀況不可能動手術，但若不取出腫瘤，患者就會死亡。

有一種光束能破壞腫瘤。如果用適當強度照射腫瘤一次，就能破壞腫瘤。可惜的是，這種高強度的光束在到達腫瘤之前，通過健康組織時，也會對健康組織造成傷害。低強度光束對健康組織無害，但也無法破壞腫瘤。如何才能在不傷害健康組織的情況下破壞腫瘤呢？

答　適當安排多個光源，分別從各個不同角度照射。個別光源的強度降低到不會破壞健康組織的程度，而所有光源一起照射時，只有腫瘤部分會照到高強度光束，不至於破壞途中的健康組織。

問答②

某獨裁者以要塞為根據控制某小國。該要塞位於國土正中央，四周的道路像車輪輪輻般，呈放射狀往外延伸。

某將軍誓言要從獨裁者手裡解放該國，想攻擊、占領要塞。將軍知道，如果他指揮的軍隊能進攻獨裁者的要塞一次，就能攻下要塞。

不過，派到國內各地的間諜回報，各道路都有地雷。地雷是獨裁者動員士兵、工人埋設的，設定為只要經過的人數少，就能安全通過地雷；若有眾多兵力經過，地雷就會引爆。將軍該怎麼做，才能在不犧牲我軍的情況下打敗獨裁者？

答 放射狀道路有幾條，就把己方軍隊分成幾個小隊，分別從每條路向要塞前進，再一起進攻要塞。這樣既能安全通過地雷，也可以全軍一起攻打，就能打倒獨裁者。

其實，這個問題是美國心理學家對大學生進行的心理學實驗。

實驗中，第一題答對的機率非常低，只有一成左右，這題到底難在哪裡呢？正確答案包含兩個要素，一是「可以用一個以上的光束源」，另一個是「多條強度低的光束從不同方向交會於一點，只有交會處才匯聚了多條光束的強度」，這兩點都不容易想到。

兩題都很難，但實驗目的並不是要調查答對的機率。

其實，實驗目的是要測試受試者能否看出「在較深層次上，兩個問題的結構相同」；而相同的結構是指「把力量分散，再從多方向同時進攻」。

不過，問受試者「這兩題有何關聯」時，能說出正確答案的也只有一成。

有些受試者答錯第一題，但答對第二題。問他們「為什麼知道第二題的答案」，也有人不知其所以然。感覺上，這些回答者似乎有意忽略兩個問題在結構上的相似性。

這就是「無法把問題中的文字抽象化」。因為受試者的注意力被表面的事物（如醫學、癌症治療、軍事等）所吸引，沒看到背後的深層結構。

這個實驗證明了這項假設：觀察由多個要素所形成的複雜現象時，人腦只關心表面的屬性（形狀、顏色、大小）與表面的關係（與類似的領域或某些特定領域的關係），而看不到背後本質的關係（因果關係或問題結構）。請見**圖表3**。

大部分人在解第一題時會拚命去想醫學相關知識，解第二題時則拚命去想軍事相關知識，所以沒發現兩題在深層結構上的共同點。

儘管如此，如果提示他們「兩個問題間有類似之處」，受試者大都能馬上注意到。

也就是說，與其說他們看不見結構的相似性，不如說只是被各種與問題相關的表面要素吸引，看得不夠仔細，以致沒看見問題的結構。

一般而言，與其說是「沒注意到」，不如說是「潛意識注意到

圖表3 是表面的關係是還是本質的關係？

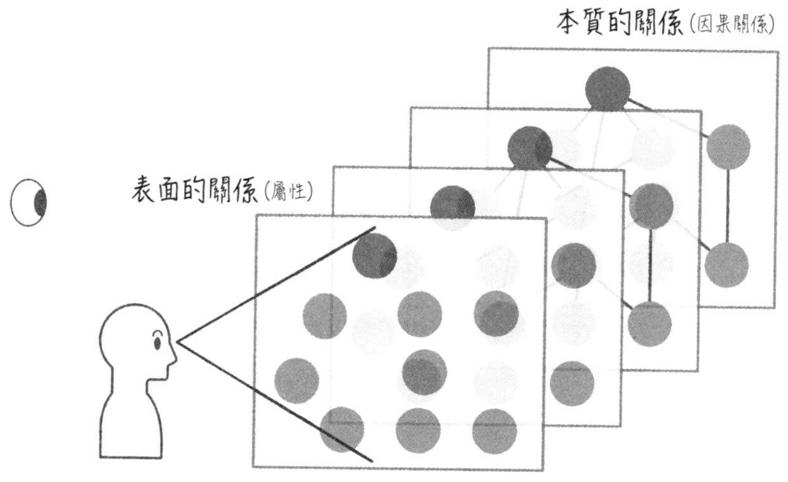

了，但未進入意識中」。

腦部難以注意到深層結構的原因，其實本章開頭已經說明過了。我們的腦在遇到新資訊時，習慣把它和已知事物連結來理解。我們記得的知識多半是「與各要素相關的具體細節」，而連結各要素的「與整體結構有關的抽象事物」，則只記得一點點。

本質的事物是普遍、抽象的；但因人腦程式設計的問題，對這樣的事「只看得到但意識不到」。完全看不到就算了，若是看得到但沒發覺，也許能經由訓練，使我們不被表象所迷惑——這就是深思快想訓練的基本構想。

下一章我們再來看看「深入思考」的具體內容。

思考祕訣① 懷疑的能力

某企業花了兩年，完成產品開發部門的改革。該公司對幹部舉行成果報告會議時，我也出席了。他們舉辦的一連串活動中，也包括本書所提的深思快想訓練。

在報告會場，有個工程師說出他的感想：「透過這個活動，讓我對任何事都抱持疑問，不盲目相信，真是太好了。」沒有什麼話比這更讓我高興了。

深思快想的目標之一，就是要產生超越「常識藩籬」的構想。想做到這點，「懷疑的能力」非常重要。「懷疑能力」容易讓人有負面聯想，但要打破常識藩籬，這是極重要的能力。

小孩子纏著父母問「為什麼」，就是人類有懷疑能力的證據。但隨年齡增長，對於社會上的常識或學校老師教的事，小孩子漸漸毫不懷疑就接受了。大人教他們：這就是成長。

懷疑能力與「實事求是地觀察事物」的能力有關。腦部在接收到五感傳來的訊息後，會用腦中內建的範本（template）來解釋，不符合該範本的訊息會被當做「雜音」而刪除。

不過，被刪除的訊息中正含有否定「常識藩籬」的可能性。因此，「懷疑」和「一味反對他人意見」是兩回事。

如果懷疑他人說話的真實性，應該先到現場，確實觀察實際狀況，看能不能發現蛛絲馬跡，找出他的破綻。

任何人都會有常識的藩籬或自以為是的壞毛病，豐田公司對這些問題的防護策略就是三現主義[1]，或互相提醒「真的是這樣嗎？到現場好好看看吧」。

1 譯註：重視現場、現實、現物。即問題發生時，要到現場了解實際狀況，仔細觀察實物。（https://kotobank.jp/word/%E4%B8%89%E7%8F%BE%E4%B8%BB%E7%BE%A9-178775）

第1章

「深入思考」到底是什麼？

「高深的思考方式」，其中的高深是什麼意思？

新聞、媒體上，人工智慧（Artificial Intelligence, AI）的話題可說每日不斷，一九九〇年代後半，電腦擊敗象棋世界冠軍，之後，連遠比象棋組合方法多的日本將棋、圍棋，電腦也能打敗專業選手。

根據媒體報導，能通過東京大學入學考試的AI開發計畫也逐步進展，工廠機器人、自動化機械作業代替了許多人力；事務處理、技術計算等定型化業務也逐漸改由資訊科技處理。人工智慧如果照目前的狀況穩定發展，也許人類的工作都會被電腦搶走。

面對這樣的不安，可能會有很多人認為「知識性的、高技術的工作應該還不會被電腦取代，所以要接受高水準教育，學習更高深的知識」，但尖端工作到底需要什麼樣的「高深知識與思考能力」呢？什麼樣的工作只有人類能做呢？

用**圖表4**的方式來思考這個問題，會比較容易理解。**圖表4**用「專業性程度」、「思考的深度」兩個軸來分析高深知識與思考能力。

我們先看第一個軸「專業的與日常的」。專業思考指分類嚴謹的學術、技術領域的思考。

專業範疇的用詞定義必須明確，每個領域都有許多不同的專業術語與大量累積的專業知識。除了專家以外，一般人很難理解這種思考方式。

相反地，日常領域的思考則是任何人都能進行。使用人盡皆知的一般用語，以及人類在生活中累積的常識性知識，所以人人都能理解。

接著看第二個軸「深入思考與淺薄思考」。淺薄的思考指只注意現象或事物的形狀、顏色等表面屬性，思考時，只使用與表面屬性相關的知識。

圖表4 分解「高水準的思考方式」

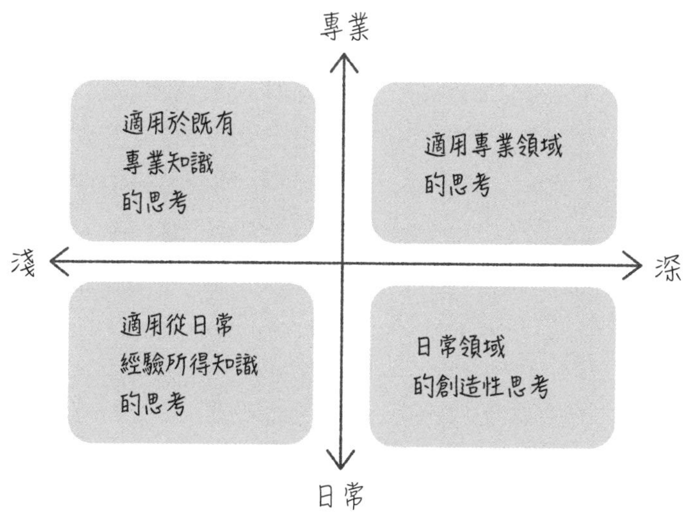

深入思考則注意到深層結構，如現象或事物的要素如何連結、因果關係如何形成等，會用到許多相關知識，將它們組合起來，創造出新的知識。

換句話說，淺薄的思考就是「定型的思考」，深入思考則是「創造性思考」。如果思考方式淺薄，就算用再高深的專業知識，也很容易被電腦取代。**一般認為，靈感對創造性工作很重要；但其實最重要的是深入思考。**

例如，要成為醫師，必須在六年大學教育期間，吸收大量充滿艱深專業用語的醫學知識。所以，醫師這項工作顯然需要專業思考。但深入思考能力必須透過經驗才能得到，因此，歷練不夠的醫師在診斷患者時，只會想到「如果有X症狀，病因就是Y，要用Z1或Z2治療法」，把在大學學到的專業知識原封不動地拿來用。

但經驗豐富的醫師，尤其是被稱為名醫的醫師就不一樣了。他們會想：「如果有X症狀，病因可能是Y1或Y2加Y3的組合，有時Y4、Y5也很重要。」他們在大量醫學知識之外，又加上從經驗得來的知識，動員所有知識，探索好幾重的因果關係連結，在腦中想出所有可能的病因，研究最好的治療方針。

前文提過，一般認為尖端工作需要「高度專業的思考」，但其實「深入思考」

是更重要的條件。所以，重點在**圖表4**的右半，而非上半。

IT系統或AI軟體若含有高度專業知識，將會取代大部分以定型的方式（淺薄思考）來運用專業知識的業務。這樣的話，即使人類擁有再專業的知識，也沒有工作用得上了。

嘗試深入思考日常事物

再多想想「專業與日常」的軸。

前文提過，「思考的深度」與「專業性程度」互不相干。也就是說，有人使用極艱深的專業知識，卻用淺薄的方式思考；有人則深入思考身邊人盡皆知的常識。

當然，高學歷人士的思考未必深刻。尤其明治維新以來，日本的教育制度以有效率地趕上先進海外文明為要務，把知識記下來，加以有效應用的能力比深入思考更受重視。

要趕上先進國家，這種教育方法非常有用，但現在日本是全世界經濟、文化的領先者，教育方面若再不改變方向，著重「深入思考」，就很難有突破。

總之，想鍛鍊深入思考的能力，與其只偶爾仔細思考困難的問題，不如養成經常對日常事務深思熟慮的習慣。

幾年前，我在東京某車站看著月臺通往驗票口的階梯，忽然發現一件奇怪的事。階梯設有扶手，把使用者上樓和下樓的方向分為左右兩邊，但上樓方向通道的寬度是下樓方向的三倍。

很久以前開始，許多車站都用這樣的方式設置扶手，但沒有人覺得不對勁。一般情況下，上下樓人數應該是一樣的（出月臺和進月臺的人數相同），所以，上下樓通道寬度也應該一樣，扶手要設置在階梯正中央才對。

我想了一下，就知道答案了。

「可能是因為上樓的速度比較慢，所以往上的通道要寬一點」，這麼想就覺得合理了，但我還是把這件事放在心上。隔天，我在另一個車站發現完全相反的情況。前一個車站樓梯是從月臺開始往上設置，這個車站則因為人行道在地下，所以是從月臺向下建造，而這個階梯下樓方向通道的寬度是上樓方向的三倍。

這證明我之前的假設是錯的。不過，如果通道寬度的差別和和階梯的上下方向無關，那和什麼有關呢？

想了一下，我發現「出月臺的方向比較寬，進月臺的方向比較窄」。這個邏輯可以解釋兩個車站的情況，但為什麼要這麼做呢？照理說月臺進出的平均人數應該是一樣的，沒必要改變寬度。

我站在階梯上思考原因時，下一班列車進站了。車門一開，大批乘客湧出月臺，聚集在階梯上。這個時候，我發現「出月臺的人群，是在列車到達的同時聚集過來，而進月臺的人速度比較平均。」

發現這點以後，我馬上想到，階梯上下樓方向通道寬度的設定並非因應「平均通行量」，而是「最大通行量」。列車到達時，月臺人數過多可能會發生危險。所以，「讓人群走出月臺」，無論是為了安全或為了列車行駛順利，都非常重要。

這個例子告訴我們，日常生活中，深入思考的機會隨處可見。在車站的例子中，我先是有一點疑惑，經粗淺的思考後得到答案，但那答案是錯的。更深入思考後，才得到正確答案。

這個問題不是哲學的，也不是學術的。我只是疑惑，「為什麼把階梯分成左右兩邊時，通道寬度有極大差異」。一般大樓或購物中心的階梯都是平均分配左右兩邊，但車站月臺的階梯在列車進站時會有一大群乘客蜂擁而出，因為怕月臺人太多會發生危險，所以大幅增加「出月臺方向」的寬度。

這種沒什麼挑戰性的問題，用淺薄或深入的思考（但這種程度稱不上深入）方式，都可以得到答案。

日常生活中有無數可供深入思考的材料。

從「深入思考」到「深思快想」

快速思考和深入思考一樣重要。

腦部為了要快速思考，在推想結論時，通常不經邏輯思考，而用「直覺思考」，但這容易流於淺薄。發明「NM法」[1]的中山正和在《松下幸之助的直覺力》（松下幸之助の直観力）一書中，說明了感覺與直覺（Intuition）的差異。

「感覺是身體對外部刺激的自然反應。因為是直接的感覺，就像昆蟲察覺氣候的變化，或人類察覺現場『苗頭不對』而逃走。（中間省略）直覺則是鳥類、獸類等有記憶力的動物的特權；過去的經驗會留下記憶，面對新環境時，可能用得上的記憶會自動出現，控制行動」。

1 譯註：類比思考法的一種，將創造性思考化為具體步驟，依照該步驟產生構想。多用於問題解決、開發新技術與新產品上。NM是發明者Nakayama Masakazu的縮寫。（https://kotobank.jp/word/NM%E6%B3%95-178722）

中山正和所謂的「憑感覺思考」，是指用動物的感覺，如視覺、聽覺等，從現場訊息中察覺危險的能力。這是快速思考，但不算深入思考。相反地，「憑直覺思考」是從過去經驗所留下的記憶中汲取各種知識，加以組合，產生出可因應現況的新知識，可說是深思快想。

以「失敗學」聞名的東京大學名譽教授畑村洋太郎在《畑村式理解技巧》（畑村式わかる技術）中所說的「跳躍式思考」，其實就是「憑直覺思考」（**圖表5**）。

思考跳躍，為何仍能做出正確判斷呢？因為過去有徹底思考、實踐

圖表5 直覺思考是什麼呢？

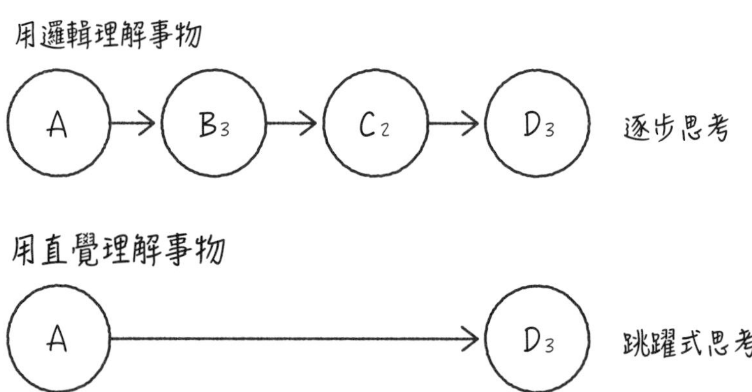

出處：畑村洋太郎『畑村式「わかる」技術』(講談社現代新書)

過的相關「經驗」，這些經驗在腦中產生新的思考模式，潛意識便能以飛快的速度思考。

不過，直覺思考無法用有系統的方式學習，有／無直覺思考能力的人之間有很大的差異。因為並非任何人都能學會，所以也沒有直覺思考的訓練，只能自己精益求精。

我所提倡的「深思快想」，是介於逐步的邏輯思考與跳躍的直覺思考之間。要擁有這種能力，重點是要把這兩種思考方式去蕪存菁。

圖表6有兩個軸，一是「抽象度」，一是「與現實的連結」。

圖中垂直方向的箭號，我稱為「抽象思考」。要用邏輯思考的方式從複雜事物中得到最適當答案，各要素的排列組合通常會太多，必須加以抽象化；但愈抽象化就會愈單純化，和現實的連結就會愈少，可能會變成紙上談兵。

圖中水平方向的箭號是「直覺思考」。這種思考方式能保持與現實的連結，不在意識中抽象化，而是在潛意識中思考。這是非常優秀的思考方法，既深入又快速。但正如前文所說，很難學會，能否學會也因人而異。

我主張的是「抽象化思考」，即圖中從右下向左上延伸的箭號。

「抽象化思考」和「抽象思考」的差別，就是「抽象化思考」能與現實保持某種程度的連結，同時逐漸提高抽象程度。深思快想訓練的核心——「因果關係地圖」有助於強化這種能力（因果關係圖的例子請參考九十一頁（**圖表17**））。

亞馬遜公司的「祖傳祕方」

亞馬遜公司從世界最大的線上零售企業成長到目前壓倒性的規模，主要原因可說是創辦人傑夫·貝佐斯（Jeff Bezos）一貫的洞察力與不

圖表6　保持與現實的連結，逐步提高抽象度

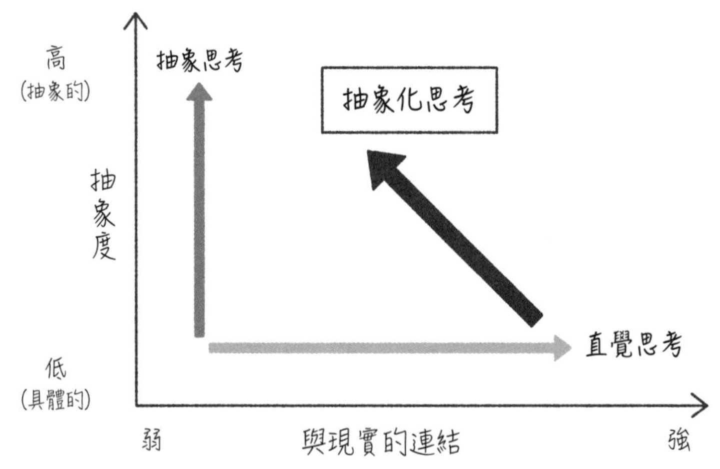

顧一切的實踐能力。

創業之初，因為該公司在世界各地擴充物流中心，先投資了大筆金額，每年連續赤字，許多證券分析家對該公司經營者提出尖銳批判。二〇〇一年正處於ＩＴ泡沫崩解時期，該公司其他網路創投企業也同樣面臨破產危機。

有一天，某會員制的折扣俱樂部社長告訴貝佐斯，該俱樂部因為持續提供顧客低價，使會員數、平均每個會員一年間的購物金額皆年年持續增加。貝佐斯聽了後，決定不以縮減投資、裁員或隨便提高價格等策略來增加利潤，而堅持「提高顧客價值必能成功」的理念[2]，即使有困難，也要讓所有商品價格低於競爭對手。

之後，在公司幹部集訓時，他邀請暢銷書《基業長青：企業永續經營的準則》（*Build To Last - Successful Habits of Visionary Companies*）的作者詹姆．柯林斯（Jim Collins），說明《從A到A^{+}》（*Good To Great*）中提倡的「飛輪」（Flywheel）。

2 譯註：顧客價值指顧客對公司績效在整個業界競爭地位的相對性評估，包括1.心中價值：顧客以自己從產品或服務獲得的滿足感大小，主觀判斷價值高低；2.價格價值：顧客認為可用較低價格買到相同商品，所獲得的價值較高。（https://zh.wikipedia.org/wiki/%E9%A1%A7%E5%AE%A2%E5%83%B9%E5%80%BC）

簡單來說，飛輪就是「良性循環」的因果關係結構，由幾個重要因素形成環狀連結，每循環一次，整體就會變得更好。

聽了他的解說後，貝佐斯與亞馬遜幹部畫出了亞馬遜良性循環結構的概念圖（請見**圖表7**）：「價格下降↓顧客存取量增加↓銷售額增加↓在亞馬遜販賣的協力廠商增加↓佣金收入增加↓固定支出回收額增加↓價格可以更低」，把良性循環的因果串連在一起。

飛輪的任何部分加速，都會讓整個輪子加速運轉。亞馬遜的幹部團隊在創業五年後，才漸漸透

圖表7　亞馬遜的「飛輪」

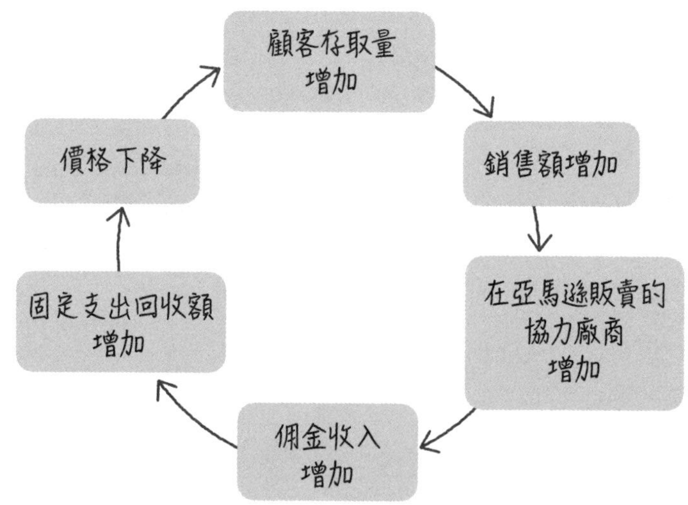

過這張圖，了解該公司「商務原動力」的原理。對貝佐斯來說，這相當於亞馬遜的「祖傳祕方」。對證券分析師簡報時，他不允許把這張圖放進簡報資料中。

這張簡單的圖，給了亞馬遜幹部這麼大的提醒，實在令人驚訝。但也因此，亞馬遜後來繼續致力於降低價格與改善顧客服務上，以此壓制了競爭對手，奪得線上零售企業的王座。

像飛輪那樣可直接掌握本質的圖，遠比幾百頁的文件有價值。

重要的是，貝佐斯並不是用這張圖來想出亞馬遜的商業模式。這張圖是貝佐斯在潛意識中思考，將亞馬遜五年來用的點子可視化，定位為該公司的戰略「思想」，公司所有經營幹部因此才能了解這樣的「良性循環結構」是亞馬遜成長的原動力。這正是只有一張紙的「因果關係顯示圖」的威力。

「因果關係地圖」是深思快想訓練的重點之一。因果關係圖包含兩個側面，一是「抽象化」，一是「把事物的結構用因果關係表達」。稍後我會詳細說明。

借用他人構想再加以整合

亞馬遜幹部所畫的圖只汲取該公司商業模式的本質，是極度抽象化的模式。那張圖的任務是使該公司戰略首尾一貫，但從具體戰術的角度來看，就太過抽象。即使能快速理解複雜現象背後的「深層結構」，但若不藉此考慮現實中可行的解決策略，就只是空談。

高學歷的「聰明人」大都擅長從既有知識中想到適用的方法，因此，擅長解決已經有答案的問題，但若遇到與過去不同的狀況，大都找不出實際答案。這樣的人才若在公家機關、大企業中，從事遵循既定路線的業務計畫或管理工作，應該會很順利，但在創業或成立新事業時，通常會遇到挫折。

正面臨成長關頭的日本，如果不想走上「衰退」之路，就必須致力於創業或改革商業模式，所以必須想出「劃時代又可行的方案」。

一般誤以為「劃時代的構想是憑空產生的」。但實際上，無論是不是天才，都是從某他地方借點子想出來的。

愛因斯坦說：「創造力的祕訣在於知道如何隱藏你的構想來源（The secret to creativity is knowing how to hide your sources）。」也就是說，即使像愛因斯坦這樣的天才，也會從物理學以外的領域借點子，將它們組織在一起，產生可引發物理學革命的概念。「隱藏構想的來源」是指盡可能從跟自己不相干的領域借點子，比較不會被發現點子是借來的。

例如，某便利商店經常借用其他連鎖超商的點子，但因為誰都可以模仿，對競爭沒有幫助。不只超商業界，許多人都會被「業界常識」之類先入為主的觀念所限制，導致構想只能從有限的範圍產生。

但若向服裝或速食業等其他產業借點子，就能跳脫業界常識，產生其他便利商店難以想出的點子。若能更進一步，向醫院經營或學校等「與一般營利事業不同的領域」，或是音樂、數學等「完全不同的專業領域」借點子，就可能產生更超越時代的構想。

從自己的領域借點子是模仿、剽竊，他人會覺得「這種點子誰都想得到」。借用鄰近領域的點子能產生嶄新的構想，他人的反應會是「糟了，原來還有這招」。向完全不相干的領域借點子，則是天才的靈感，他人的反應會是「不知道這種點子是怎麼想出來的」。

要向不相干領域借點子，需要「類比能力」，亦即要能看出差異極大的狀況間的類似處。

邏輯思考是很好的思考方法，但「構想的廣度」有限。也就是說，可以用在創新程度不高的領域，但很難和創新程度較高的構想產生連結。因此，「向遠處借用解決策略」是很有效的方法。總之，如果發現有兩個問題結構相同，而另一個問題已經有人解決了，就可以把他的策略拿來應用。

前面提過，如果只原封不動地把點子借來用，就跟日本從明治維新以來的做法一樣，並沒有從中進行創新。所以，從乍看之下不相干、完全不同的領域借用點子，就是非常重要的事。

向不相干領域借點子的德軍

第一次世界大戰前，德國位於兩強之間，東有俄國，西有法國，而這兩國在一八九一年締結「法俄同盟」（France-Russian Alliance），德國面臨左右夾攻的危險。所以，德國政府在國內架設多條東西方向的鐵路，以備遭法、俄夾擊時，能用鐵路機動性地移動大量軍隊，防衛國土。

不過，即使鐵路建設完成，仍缺乏「在短時間內用鐵路移動大量軍隊」的專業技術。這個時候，德軍後勤部（進行軍事作戰所需兵士、物資的輸送、補給等支援）有位專家從和軍隊完全無關的領域得到解決問題的方向。你猜是什麼領域呢？

竟然是美國的馬戲團。那位專家從報紙看到「美國的馬戲團備有專用編組列車，可以在一夜之間將大量團員、動物、巨型帳棚等裝備移動到其他城鎮表演」的報導。

當時的美國，國土廣大，城鎮分散四處（現在依然如此），尚未用鐵路連成一氣；媒體也不發達，鄉鎮間的娛樂大概只有電影、馬戲團了。美國的馬戲團使用特製車輛，用鐵路在城鎮間移動，巡迴全國各處表演。

因此，德軍立刻派專家到美國學習馬戲團用鐵路移動的方法。德軍專家仔細研究他們如何撤除巨型帳棚、用貨車運送包含猛獸在內的動物。特別參考馬戲團特製的專用貨物車，這是超越德軍常識範圍的點子。

德軍後勤部的專家先把自己的問題抽象化，尋找世界上哪個組織把「短時間內完成大量人員與物資的撤退、移動及前置作業」做得最好，找到了美國的馬戲團

圖表8 抽象與具體間連結密切的類比

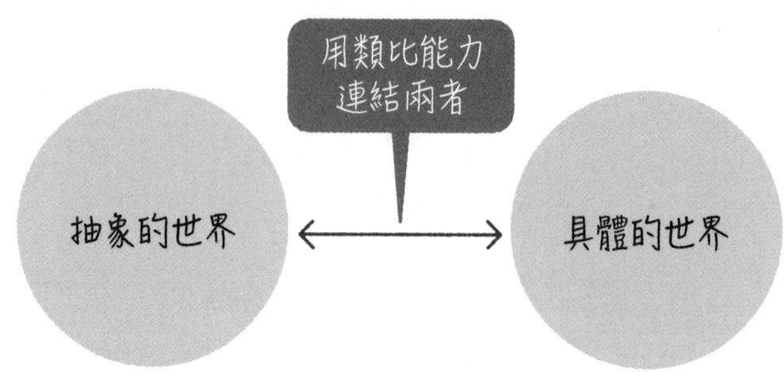

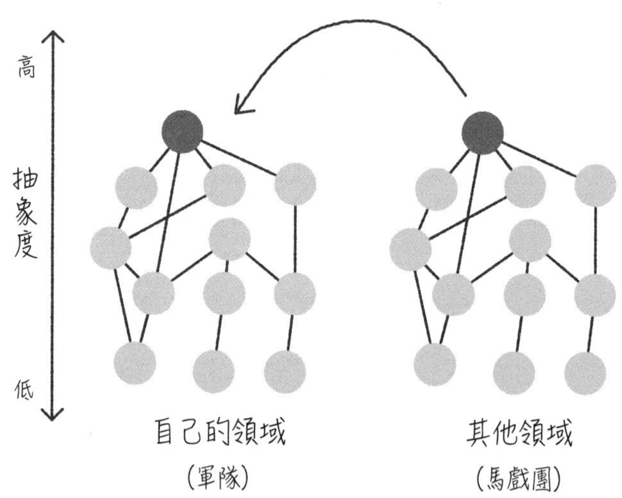

（圖表8）。若只有淺薄的類比能力，一開始就會斷定「軍隊不會向馬戲團學習」或「軍隊與馬戲團完全是兩回事」。

德軍向馬戲團學習的好處有很多，首先，德軍和馬戲團的問題本質上結構相同，而馬戲團從幾十年前就開始處理了。他們經過長期嘗試錯誤與創意思考，才形成與現實有密切相關的解決策略。此外，因為馬戲團這個領域沒有「軍隊的常識或偏見」，才能產生和軍隊思維不同的構想。

《網球優等生》與大突破

前面說明過，必須在某個領域累積非常多經驗，才能得到直覺思考能力。若想用更有效率的方法得到它，可以向運動領域借點子。

運動領域對選手的培養，從前主要是以精神主義[3]的立場，採取「魔鬼訓練」的方式，反覆持續嚴格訓練；最近則盛行以運動科學為基礎的合理訓練方法。

3 譯註：1.認為相對於物質、精神更重要；2.認為一心運用精神力量就能凌駕物質現象的思考方式。（https://kotobank.jp/word/%E7%B2%BE%E7%A5%9E%E4%B8%BB%E7%BE%A9-545508）

ＮＨＫ播放過《Baby steps～網球優等生～》（ベイビーステップ）卡通，這部卡通有漫畫原著（勝木光著，講談社出版），我偶然間在網路上看到卡通，就迷上了，把內容全部都看完。因為這個故事暗藏了「創新的祕訣」。

故事中的主角從小學開始就專心課業，成績都拿Ａ，直到高一才偶然間開始打網球。到了三年級時，他參加了全國少年網球大賽。**關鍵在於他用「Baby step（如同幼兒的步伐，慢慢地一步步踏實前進）」，每天持續訓練，每天超越自己的極限一點點，就會成長為難以想像的厲害選手。**

故事中有個天生就有運動才能、父母經營網球俱樂部，童年就接受特訓的競爭對手。主角高一才開始打網球、運動才能也沒那麼高，卻能打敗那樣的競爭對手，得到勝利，可說是這部作品的魅力之一。作者本人也有打網球的經驗，他表示作品中各種訓練、戰術與技巧都有事實根據，或經由實地採訪得來。

這部卡通中有以下三項進步祕訣：

①主角每次參加比賽，都會把對手與自己的所有球路仔細記在筆記本上，日後若遇到同一對手，就會在比賽時閱讀筆記、推敲戰略。

②每一局都深入思考哪裡打得不好，在下一局馬上改進。也就是說，「ＰＤＣＡ

循環」[4]非常快速。過去特別做不到的事，如果某次做到了一點點，要努力想起當時的感覺，摸索讓它重新出現的方法。也就是說，不像以前只會沒頭沒腦地練習，而是經由反省、深入思考，回饋到下次的練習或比賽。

③訓練方面，設定必要且極難達成的具體目標，每天練習，一步步朝目標前進。主角身體素質不佳，要求勝只能靠準確度，無法靠打球的力度。於是，主角想達到可以把對手球場分成十六區的準確度。平常練習時，他將對手球場分成六十四區，瞄準目標，非打進去不可。每天不斷以這樣的方法來訓練，漸漸接近目標。

這和創新完全相同。

像賈伯斯那樣的天才，因為擁有天賦才能，或許能同時產生好幾個突破性的構想。雖然一般認為只有天才才能創新，但就算不是天才，若每天的構想持續有小

4 譯註：PDCA Cycle，品質管理循環。即針對品質工作按規劃、執行、查核與行動（Plan-Do-Check-Act）來進行活動，以確保可靠目標之達成並促使品質持續改善，由美國管理學家戴明（William Edwards Deming）提出。（https://zh.wikipedia.org/wiki/PDCA）

小的突破，也能做到創新。

重要的是，每次都要想出打破「常識藩籬」的構想，即使突破很小也沒關係。普通人未必有天才的直覺力，想超越「常識藩籬」，必須深入、快速地思考。讓我們凡人也能像天才一樣創新，也是深思快想的目標之一。

每天「傷一下腦筋」的效果

圖表9表示深思快想能讓人愈來愈有創意。圖左上方表示人通常只在常識或既有的框架中思考。

距離這個框架太遠，很難想出點子，就算拚老命去想，也只會遇到挫折。相反地，在既有的思考架構之內，就算絞盡腦汁，也只能想出司空見慣的點子。

不過，給腦部一點壓力（也就是傷一下腦筋），一般人也能想出稍微脫離常識或既有思考框架的點子。我們既然是凡人，要創新、提出多數人認為不可能的長期目標（也就是所謂有遠見），就必須持續訓練自己，思考稍微脫離既有框架的點子。

古人說「持續就是力量」、「千里之行始於足下」，但重點是要一步步走出常識

圖表9　每天「傷一下腦筋」，鍛鍊你的思考力

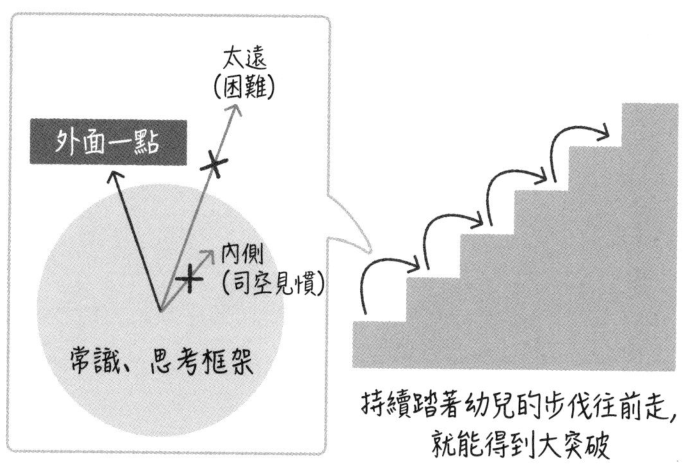

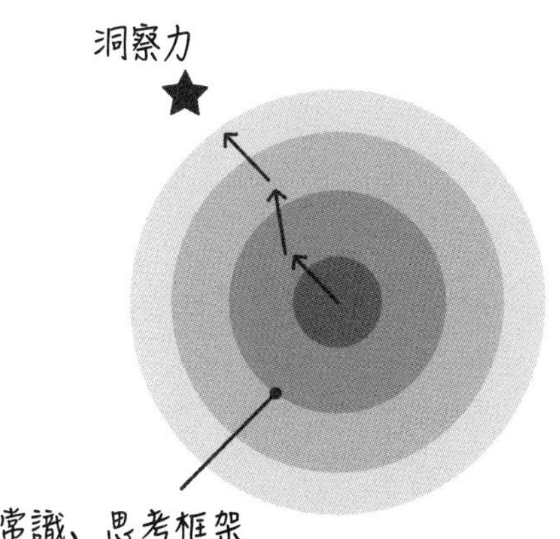

之外，以擁有高明遠見為目標，每天持續訓練自己稍微脫離常識思考，就會像**圖表9**下方所顯示的，你的常識和思考框架範圍會慢慢擴大。持續進行一年之後，思考範圍擴展的程度，連自己都會嚇一跳。

要走出常識之外，深入思考非常重要；要每天持續，則需要快速思考。要遠遠超出常識框架，需要天才的直覺；若只想超越一點點，凡人也能經由訓練達到。這些也是深思快想訓練的概念。

在深入思考的訓練方面，我想先進行因果關係地圖的練習，以及向不相干領域借點子的「類比思考」基礎訓練。稍微走出既有思考框架才能達到訓練的效果，所以我會把問題難度漸漸提高。

經由這樣的訓練過程，你的思考框架會向外擴展一點點，就像爬一級階梯一樣。反覆練習，思考能力就會一次次提高，也許像幼兒的步伐一樣小，但持續走下去，就會一躍而起。

每天練習「稍微脫離常識思考」，持續下去，思考框架範圍就會漸漸擴展。

思考祕訣② 隊伍排列方法

對日常事務保持疑問，加以分析，對深入思考有幫助。接下來，我再舉一個常見的例子。

在超市或銀行，當需要服務的客人比較多時，比較晚到的客人就必須排隊等候。排隊通常有兩種方式，如下頁圖所示，左邊是在負責業務的櫃臺（收銀窗口）前各自排隊，右邊是集中排成一行，再各自前往櫃臺。

以前幾乎都是用左邊的排法，現在幾乎都是用右邊的排法，但超市收銀台仍是用左邊的排法。

銀行的ＡＴＭ從前就是用右邊的排法，最近便利商店、藥妝店也開始採用這種方式。銀行櫃臺、手機門市會先抽號碼牌，等待叫號，總之還是跟右邊一樣，都是先排成一行。

那麼，為什麼現在大部分的店都是排成一行？為什麼現在的超市還是在各個收銀台前排隊？

排成一行的話，即使前進速度不規則，依照一開始排的時間順序，客人壓力會比較小。收銀台的處理時間依購物數量與收銀員熟練程度而不同，銀行櫃臺業務的處理時間也會依內容而有很大差異，隊伍排成一行最大的好處就是，客人不會因為

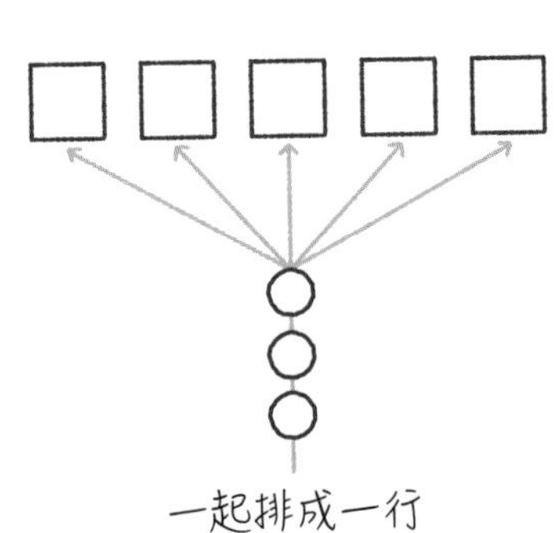

「後來的人先輪到」而覺得不公平。

那麼，為什麼超市仍是各自在收銀台前排隊呢？

可能是因為超市每個人平均購買的物品數量，遠遠超過便利商店，結帳也比較花時間，如果許多客人排成一排會太占空間，使賣場變得狹窄。

第2章

「深思快想」的基礎與提高準確度的方法

掌握深思快想的基本原理

看過本章，你就能掌握深思快想的基礎。

圖表10是深思快想的基本原理。深思快想的目標是用超越常識範圍的嶄新構想來解決目前的問題。因此，第一步就是要「仔細觀察現實狀況」。

圖表10上方的圖形是第一章**圖表6**的詳細說明。橫軸是和現實連結的強度，縱軸是抽象程度。圖形中的①表示，仔細、確實地觀察現狀，就能得到和現實有強烈關聯、幾乎未經抽象化的資料。圖形中的②表示，不要立刻抽象化，而要畫因果關係地圖，找出因果關係，讓結構更清楚。因果關係地圖的繪製，我稱為「抽象化思考的第一步」。

眾多現實要素中，因果關係地圖會省略不影響因果關係的要素，用圖表現重要要素間的關係，然後進一步減少圖中要素的數量，畫出抽象度更高的圖（圖形中的③）。這樣的訓練，我稱為「抽象化思考的第二步」。到這個階段，就會知道現實問題的本質了。

通常在了解問題本質之後，自然會知道解決策略。但如果問題本質是職場、企業、業界常識框架內無法解決的「不可能任務」，就有必要用類比思考的方式，

圖表10　深思快想的整體輪廓

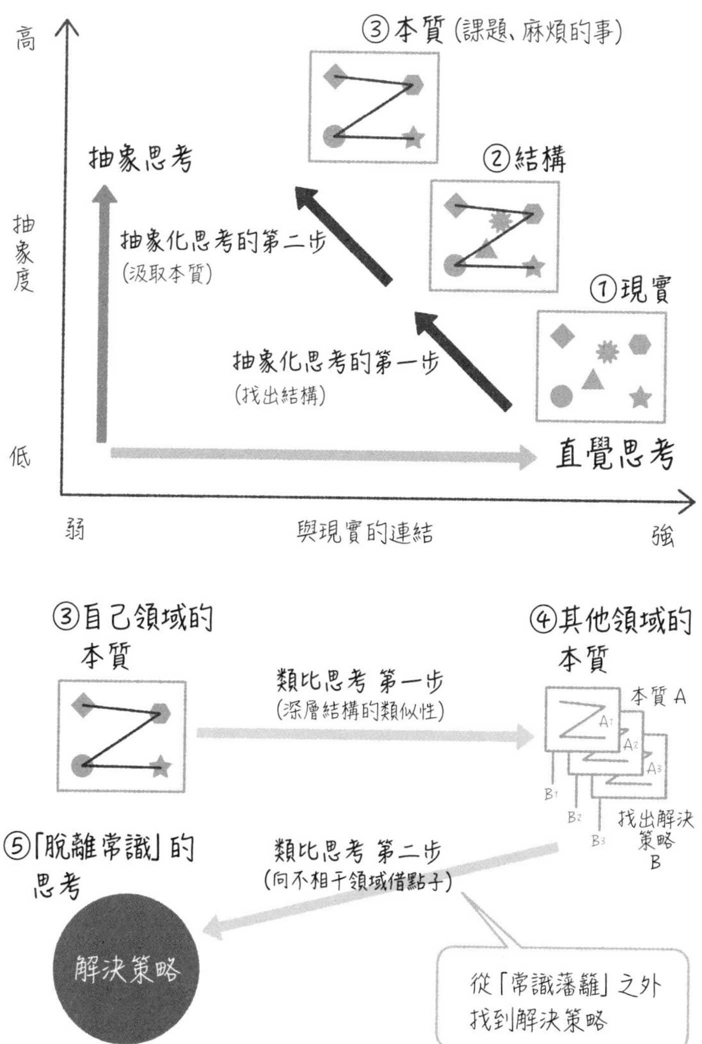

「向不相干領域借點子」。請看**圖表**10下方，③是汲取問題本質，④是發現不相干領域的A有類似的問題結構（類比思考第一步），而策略B能解決A問題，可用在自己的狀況中（類比思考第二步）。⑤表示經由這樣的過程，就能想出脫離自己常識範圍的點子。

用具體例子說明會比較容易理解，所以我以緒論的兩個問題為例，來說明這些圖表。

請看**圖表**11。**圖表**11的A（相當於**圖表**10的①）是用光束治療腫瘤的問題，若加強光束強度，達到可破壞腫瘤的程度，光束在到達腫瘤前就會破壞健康的組織，導致患者死亡；但若為了避免破壞組織而減弱光束強度，就無法破壞腫瘤，患者還是會死。這個問題的結構畫成圖就是B，而B也可說是A的因果關係地圖（相當於**圖表**10的②）。

圖表12是將**圖表**11進一步抽象化。因為這個問題相當困難，除非把因果關係畫出來，否則無法解決，而為了得到解決這個難題的靈感，要從不相干領域借點子。**圖表**11的C是如何打倒固守於國土中央要塞的獨裁者的問題，D則是這題的因果關係。

圖表11 將兩個例子抽象化

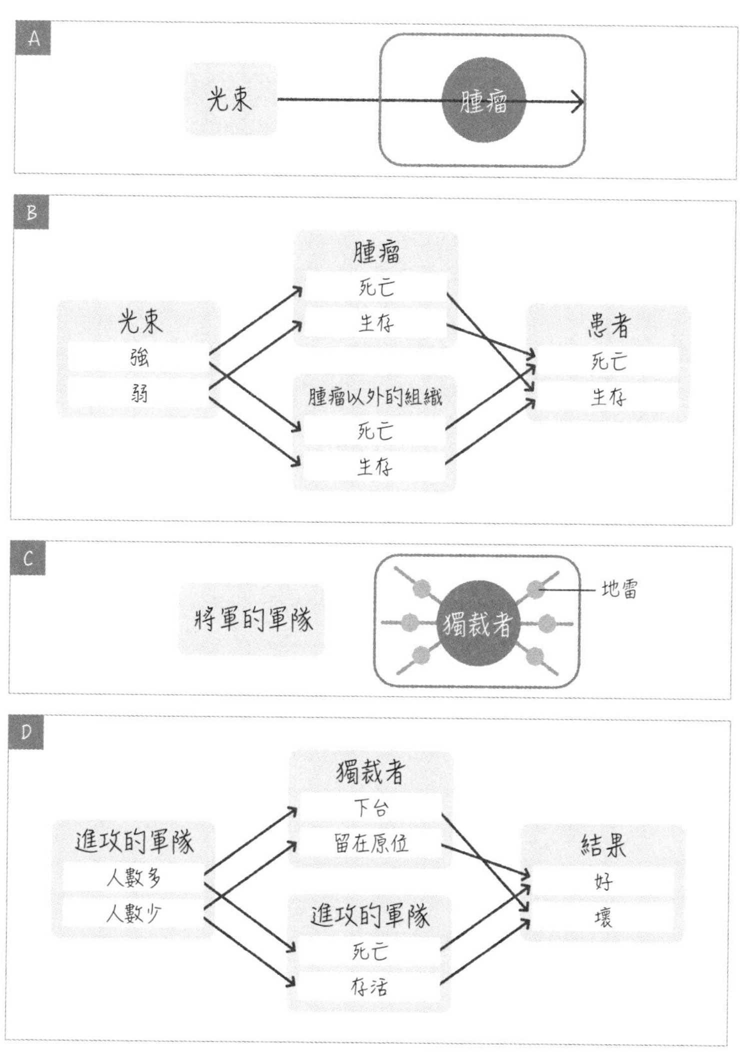

D如果更抽象化，就成了**圖表12**。也就是說，這兩個問題有相同的「深層結構」；對其中一題有效的解決策略，應該對另一題也有效，也就是說，可以「向不相干領域借點子」。

例如，如果已經有了「將軍把己方軍隊分成幾個小隊，從不同方向攻打要塞即可」的答案，就可以把這個答案應用在腫瘤治療的狀況。

要有效率地提高深思快想能力，不是靠氣勢或毅力，而是要用人類腦部的特性。

一般相信，人類的腦神經連結體（connectome）大約在兒童時期已長成，成人後幾乎不會有變化。但依據最近的研究，腦神經連結體無論到幾歲都有改變的可能。總之，如果能改變腦神經連結體，讓它變得更能深入思考，我們的思考就可以更迅速、更有效率。問題是，怎麼做才能讓腦神經連結體變得更能「深入思考」？

圖表12 提高抽象化程度

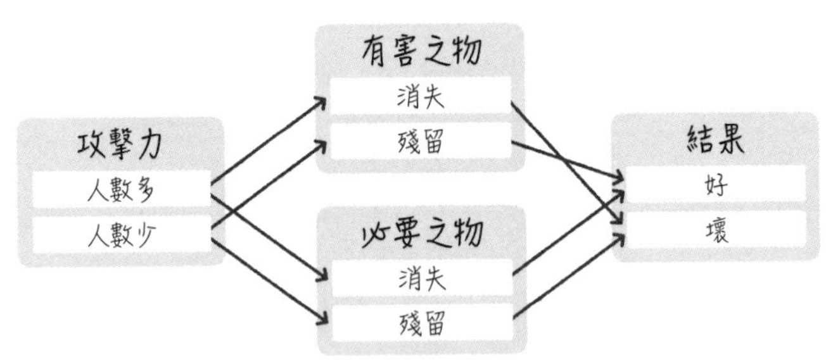

我想用棒球等運動的訓練法來比喻。

從來沒打過棒球的初學者，如果一開始就要他上場打練習賽，並不會讓他進步。比較適當的做法是，先分解棒球的必要技巧，如「投球」、「接球」、「打擊」、「跑壘」等基本動作，確實進行各個動作的基礎訓練，然後進行各種技巧搭配的訓練，再漸漸進入練習賽。

六十五頁的**圖表9**也可說是深思快想基礎訓練的持續效果。

如圖左上方所示，我在課程中給學員的每個練習題，學員都必須稍微走出他們慣常的思考架構，否則無法解答。所以他們在解答問題時，一定會和自己的思考方法產生碰撞，因而使思考更深入。許多學員表示「腦袋平常沒用到的部分，解題時會用上」，原因即在此。

深思快想的基礎：「抽象化」的能力

前面說過，深思快想要從確實觀察現實狀況、慢慢一步步抽象化開始，不要立刻將問題高度抽象化；亦即用「抽象化思考」代替抽象思考。

抽象化思考，換句話說就是「讓事物背後的深層結構顯示出來」。緒論的心理學實驗也提到，人類腦部比較注意表面的事物，而非深層結構。抽象化思考只用在「覺得不知如何是好」的麻煩狀況，因此，深思快想訓練就從抽象化思考的密集練習開始。

讓事物的深層結構顯現的方法大致可分成「樹狀圖」和「網路圖」（**圖表13**）。

左邊的樹狀圖在分析事物時很有用，例如，可以把產品基本功能分解成幾個層級。

以手電筒為例，手電筒的基本功能是「照亮前方有限範圍」，這可以分解為兩個層面，一個是「發光」，一個是

圖表13 讓深層結構顯現的兩種圖

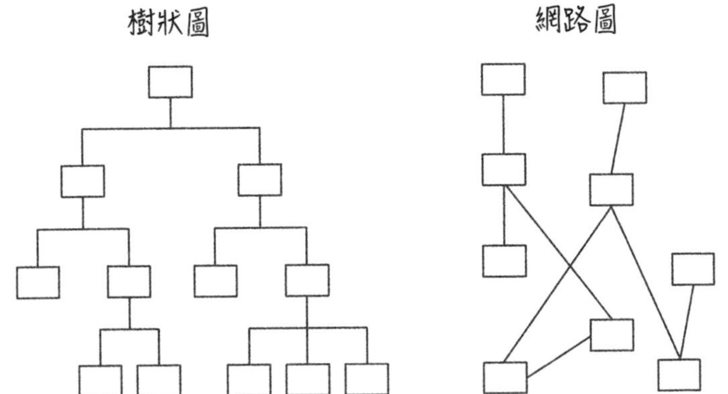

「讓光照映出前方狹小範圍」。「發光」的功能則可分解為「先累積電力」、「把電力轉變成光」、「開、關電力」等功能。

樹狀圖就像樹枝一樣逐漸分支，各自分開的小樹枝間不能橫向連結。

樹狀圖多用於邏輯思考，以邏輯方式拆解事物，各個項目間彼此不會重複；也會以整體的觀點，看各項目是否包括所欲探討領域的全部（稱為ＭＥＣＥ分析法[1]），有助於事物的系統性研究。

網路圖則是將事物分解為各種要素，把彼此有關的要素連結起來。因此，**網路圖比較適合表現因果關係**。樹狀圖與網路圖各有優缺點，可依不同目的，分別使用。深思快想使用的是因果關係地圖，依我的經驗，它是對抽象化思考最有用的工具。

如前文所說，因果關係地圖就是用圖表現「事物的因果關係」。雖也可稱為因

---

1 譯註：ＭＥＣＥ即Mutually Exclusive Collectively Exhaustive，意思是「相互獨立，完全窮盡」，也就是對於一個重大議題，能夠做到不重疊、不遺漏的分類，藉此有效把握問題核心與解決方法。（http://eportfolio.lib.ksu.edu.tw/~4960Q023/blog?node=000100018）

果關係圖，但因為它幫助我們指出思考的方向性，所以我稱為因果關係地圖（map）。

我使用兩種因果關係地圖。第一種是用箭號連接「原因」和「結果」的圖（**圖表14**），對多數人而言，這應該是最容易理解的表現方式。做深思快想練習時，將原因與結果放進方形框中。

第二種是將互相影響的「變數」（variable）連結起來的圖。變數即「可以改變、可用數量表現的屬性」，做深思快想練習時，放進圓形框中，以和原因與結果圖做區別（變數的因果關係地圖會在後文詳細介紹）。

第一種圖經常用來表現歷史事件，第二種圖常用來表現產品特性。不過基本上，這兩種圖在任何情況都能使用。

因果關係地圖是深思快想訓練的基礎，用棒

圖表14　用箭號連接「原因」與「結果」

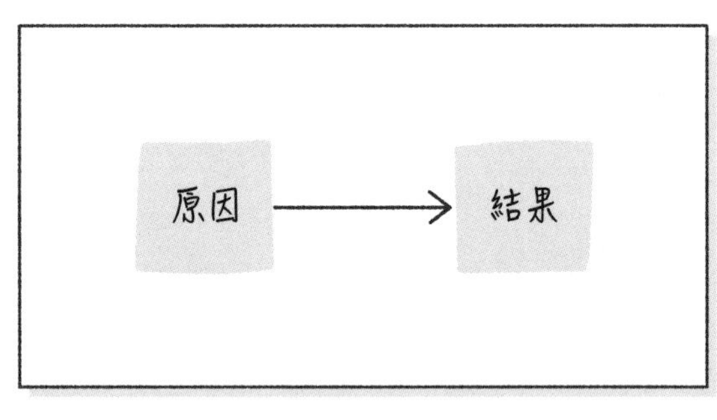

球比喻，就是投球、打擊等基本動作。

做因果關係地圖的練習時，要先閱讀一份複雜程度適中的資料（約A4紙大小的文章），將其分解為幾個「概念框」，簡明扼要地表達框中內容（抽象化），然後發現「這個框和那個框有關聯」（因果關係），把它畫成圖。

下一章會開始說明如何實際畫出「因果關係地圖」。

因果關係地圖，是深思快想的基本動作之一。

思考祕訣③ 脫離常識思考，想出預防捕蟹漁船事故的策略

前蘇聯時代，北太平洋捕蟹漁船經常發生嚴重事故。當捕蟹漁船在零下幾十度的氣溫，風浪強大的日子捕魚，船身就會漸漸結冰，使船的重心向上移動，最後導致翻覆，許多船員因此喪失性命。

為解決這個嚴重的問題，動用了許多專家。專家絞盡腦汁，先嘗試用漁船引擎的熱度將水加熱，再用加熱過的溫水灑在冰上，但熱量不過是杯水車薪。就算用其他燃料來加熱水，熱量還是完全不夠。

其中有個人在腦中思索船身結冰的機制。附著在船身的冰無法直接讓海水結冰，而是因為強風吹襲、海浪洶湧起伏，海水的一部分成了

水花，被零下幾十度的空氣冷卻，瞬間變成小冰塊，又因風吹而附著在船身結凍的冰牆上，才使冰愈來愈厚。

海水溫度最多不過零下幾度，而附著在船身的冰跟空氣一樣，都是零下幾十度。要讓冰融化需要相當程度的熱量，水的熱量算法是「溫差×水量」，就算海水溫度很低，也比冰高了幾十度，而周圍有無窮無盡的海水。

所以，這個人想到一個方法，就是「用幫浦抽取海水，灑在船身」。灑出的海水只要沒變成水花般的小顆粒，就不會在空氣的低溫下結凍，而能融化附著在船身的冰。

其他專家可說是被常識藩籬或成見所侷限，才會認為「要解決這個問題，一定要把海水加熱」。能想出突破性方法的人，會在腦中想像問題的結構，尋找解決的線索。

第3章

如何繪製「因果關係地圖」

繪製因果關係地圖的五個步驟

先看一篇報導或文章，接著依照以下基本順序繪製因果關係地圖。如果你看的是別種資料，基本上也是用同樣的順序。

主要有以下五個步驟：

①找出概念框
②從框中抽取要素
③標記（label）要素
④從標記中發現框框之間的關係
⑤把框框間的關係（整體結構）畫成圖

首先，閱讀文章時，要有意識地尋找「概念框」。文章或報導都有分章節、段落，可以從中尋找線索（①）。

其次，從框中取出重要的要素，為它加上「標記」。標記就是清楚表達該框框的內容，也就是把框框抽象化（②與③）。

如果能做好標記，大致瀏覽一下標記後，就可以找出框框間的關係（通常是因果關係）。框框間的關係就是該篇文章的整體結構，也是因果關係地圖的內容（④與⑤）。

緒論提到的兩個問題，一個是如何用光束破壞腫瘤，一個是如何攻陷獨裁者固守的要塞，這兩題的測試結果證明「人類腦部不擅常抽象化」。人腦容易被表面的瑣碎事物吸引，忽略深層結構。畫因果關係地圖的目的，就是要訓練自己克服這個「腦部缺陷」，以看見深層結構。

那麼，我先以演藝圈中的例子，嘗試畫出因果關係地圖。

用因果關係地圖整理出「AKB48的成功主因」

提到當今國民偶像團體，第一個想到的就是AKB48了。她們做了哪些事，才造就她們今天的成功？我認為主要有以下六點：

①AKB48的成員非常多，整個團體分為A、K、B3個分隊，每隊各十六人，

總共四十八人。

②一軍之外備有二軍（研究生），一軍成員不能演出時，就由二軍上場，其中嶄露頭角者有機會升上一軍，這也對一軍成員造成壓力。

③在秋葉原有專用劇場，每天都舉行現場公演。歌迷對「無論何時都看得到偶像」這件事是歡迎的。

④由歌迷投票進行「總決選」，公布成員得票數，決定下一次新單曲的主唱（中央位置成員）。

⑤成員會承受強大壓力，提高競爭意識，忍受嚴格的練習。

⑥跟以前的偶像比起來，AKB48的成員雖然一開始沒什麼實力，但一直在進步。在公演等場合看到她們的成長，對歌迷來說是極大的吸引力。

以上這些事，大家知道多少呢？除了這六件事，AKB48也做了許多特別的嘗試，現在暫時先討論這六點。

我不只要列舉這些特徵，還要說明其中的因果關係。請先看**圖表15**的左方。

從第①～②點開始說明。AKB48是高達四十八人的大家庭，一軍外還有二軍。團隊間本來就有競爭意識，再加上一軍被二軍奪取地位的危機感，競爭意識又更高了。

此外，第③點提到，每天都公演，目的是要以「無論何時都看得到偶像」來吸引眾多歌迷。因為每天在專用劇場公演，使得歌迷增加不少。

雖然能做得到每天公演，也是因為有專用劇場的緣故。但就算有專用劇場，如果只有一個團體，也不可能每天都公演；而是因為分成三隊，才能每天演出。**圖表15**右邊整理出「歌迷增加」的各種因素。

圖表16下方說明第④點。藉由總決選，歌迷能投票選出擔任新曲主唱的成員。歌迷不只觀賞公演，也

圖表15 提高團員競爭意識，每天公演，歌迷因此增加

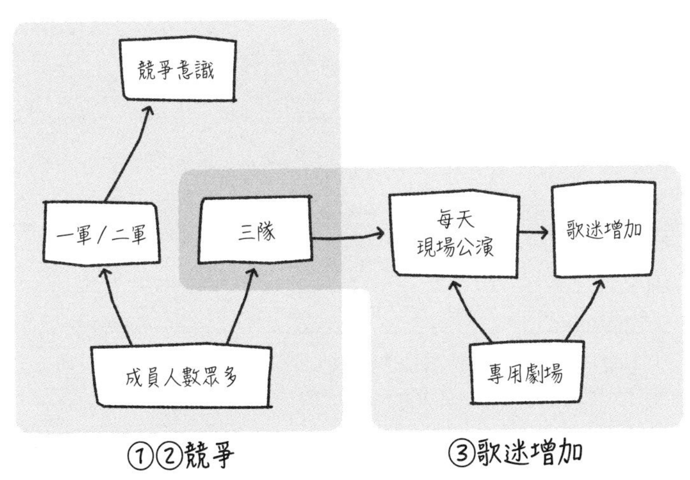

能參與成員的選擇。總決選對各隊成員的影響是，即使贏得主唱位置，也可能因為歌迷投票而被搶走，這點應該也有提高競爭意識的效果。

最後是第⑤點和第⑥點。以上這些原因使競爭意識變得非常高，全體成員會持續狂練，從原本的笨拙漸漸變得靈巧。

圖表16上方顯示，透過長期、持續的公演，歌迷看著成員的成長，也和她們產生了一體感。如此，漸漸累積了死忠歌迷，也使銷售量穩定成長。

下頁的**圖表17**則將以上這些圖

圖表16　總決選與歌迷從穩定到成長的過程

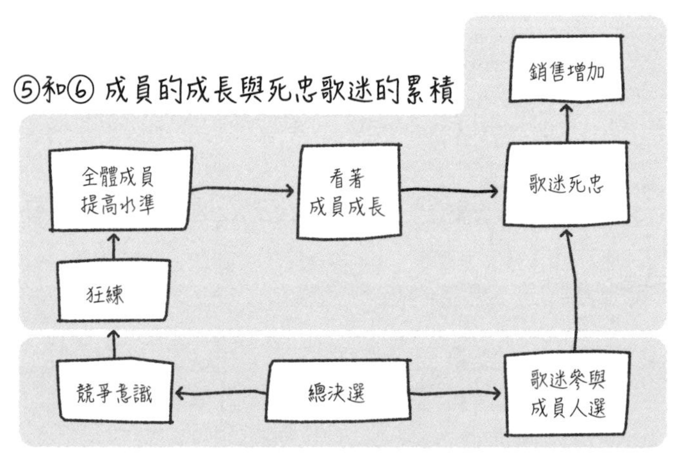

圖表17　AKB48成功主因的因果關係地圖

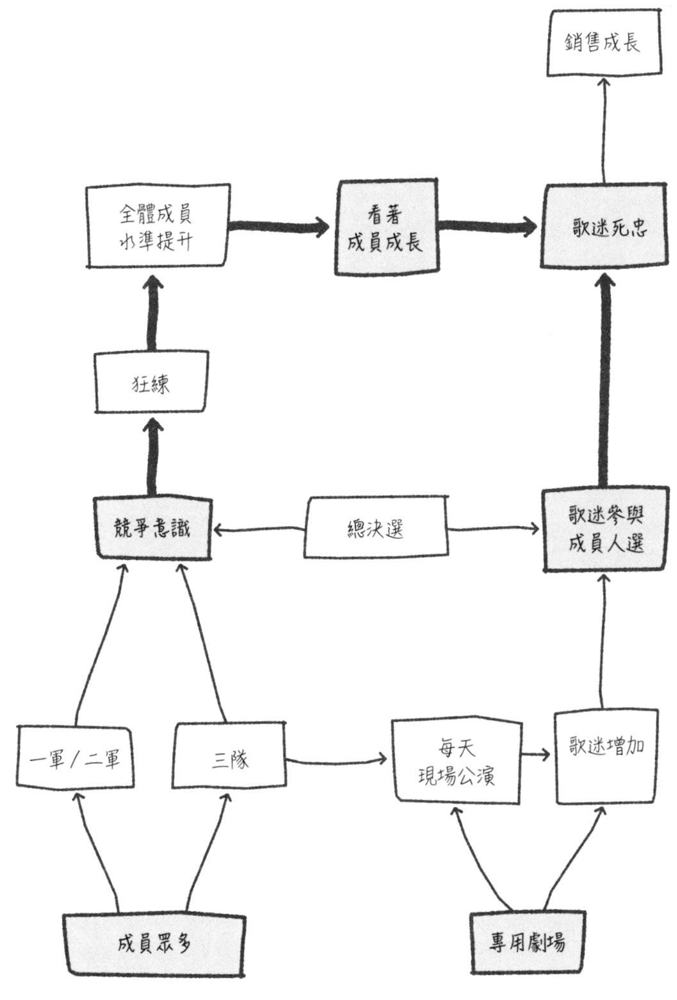

整理成一張因果關係地圖。

比起文字說明的六點，一張圖簡明易懂多了。這就是因果關係地圖的效果。

德川家康為何要在江戶建立幕府？

提到歷史，喜歡的人很多；但因為歷史總讓人覺得「要把年號、事件全部背下來」，所以討厭的人應該也不少（其實以前我也是其中之一）。不過，搞清楚歷史中的因果關係，了解歷史事件的重要過程，可說是最驚悚的知識冒險。

因果關係地圖對掌握這樣的過程非常有幫助。歷史因果關係地圖的練習題，我目前正在製作中，現在已經有幾十題了。製作過程中，我漸漸了解歷史的魅力，現在已經迷上歷史。接下來，我就舉一個有關歷史的例題。

問題

德川家康為什麼要在江戶建立幕府？請依據以下文章，繪製可回答這個問題的因果關係地圖。

豐臣秀吉統一天下後，認為德川家康日後將成為豐臣家的威脅，於是要德川遷往江戶。家康反而因此發現江戶潛在的價值，在關原之戰勝利後仍留在江戶，成立幕府。

當時日本政治中心是京都，經濟中心是大阪，一般而言，要成立幕府，應該會選擇從大阪到名古屋的某處，即使想在東邊建立幕府，也應該選擇靜岡一帶。這些對家康來說都是適當的路線，為什麼他要選擇江戶呢？

當時的江戶城（現皇宮所在地）鄰近海岸線，利根川直接流入江戶灣（今東京灣），年年氾濫成災。整體來看，關東平原是一片排水不良的沼澤地，農地稀少。

當時處於戰國時代，之前戰爭更激烈，規模也更大；為了築城或水攻，大規模工程技術已有長足進步。長良川河口原本洪水氾濫，織田信長完成治水工程後，得到一大片肥沃的農地。家康也注意到，如果治理年年氾濫的利根川，改善關東平原的排水，幕府也會得到有廣大的農地。

也就是說，家康看到隱藏在沼澤地之下的「關東平原」。治水成功後得到的農地會成為幕府的直轄地，從中得到的年貢將成為幕府的有力財源。

由於德川幕府並未向各藩地徵收年貢，主要財源來自直轄地的年貢。得到廣大的直轄地，便成為德川政權長期安定的重要因素。

因此，在一五九〇年，家康就從填埋日比谷海灣，填海造地著手，進行關東平原沼澤地的改良工程。在「以關原之戰統一天下」、「加強江戶的防衛」的正當理由之下，他以「御手伝普請」制度[1]，命令諸大名參與工程。

在一六二一年，德川幕府第三代將軍——家光的時代，利根川連接太平洋的大工程總算完成了。

從一六〇〇年開始的一百年間，日本農地面積增加為原來的三倍，最大的功勞就是家康等人對關東平原的改良工程。戰國時代日本的農地幾乎沒增加，於是農產品也沒增加，導致糧食不足，引發諸大名間的戰爭。德川幕府大幅增加國內的農地，為長達二百五十年的穩定政權打下基礎，最顯著的成果就是關東平原的治水工程。

看過這篇文章後，要馬上繪製因果關係地圖，對入門者來說相當困難。如果沒有教過詳細步驟就要馬上繪製，花的時間因人而異，但可能要兩個小時以上。

對入門者而言，困難的原因在於以下兩點：

①找出「重要的概念框」

②發現重要概念框之間的連結（因果關係）

第一個原因是，讀過文章後寫下各種紀錄，找到許多概念框，但很難判斷其中哪些是重要的。不過，想一想，「重要的概念」是開頭所說的，能夠回答「德川家康為何要在江戶建立幕府」的概念；可以從這裡出發，反向尋找因果關係。沒有進入「因果關係連結」的部分都不重要，不需畫進因果關係地圖中。

文章中並沒有可直接回答問題的內容，不過在以下這段，可以看到家康在江戶成立幕府的動機：

> 家康也注意到，如果治理年年氾濫的利根川，改善關東平原的排水，幕府也會得到廣大的農地。
>
> 也就是說，家康看到隱藏在沼澤地之下的「關東平原」。治水成功後得到

1 譯註：近代的統一政權（豐臣政權、江戶幕府）動員大名進行土木工程。（https://kotobank.jp/word/%E5%BE%A1%E6%89%8B%E4%BC%9D%E6%99%AE%E8%AB%8B-1151925）

的農地會成為幕府的直轄地，從中得到的年貢將成為幕府的有力財源。

由於德川幕府並未向各藩地徵收年貢，主要財源來自直轄地的年貢。得到廣大的直轄地，是德川政權長期安定的重要因素。

從這幾段可發現以下的因果關係：

- 土木工程→幕府取得廣大農地→成為幕府直轄地→幕府的有力財源→政權長期安定

畫成因果關係地圖，就是**圖表18**的樣子。

下一個疑問是「為何治理關東平原就會得到廣大農地」，以下這段有說明：

當時的江戶城（現皇宮所在地）鄰近海岸

圖表18 家康的目標是什麼？

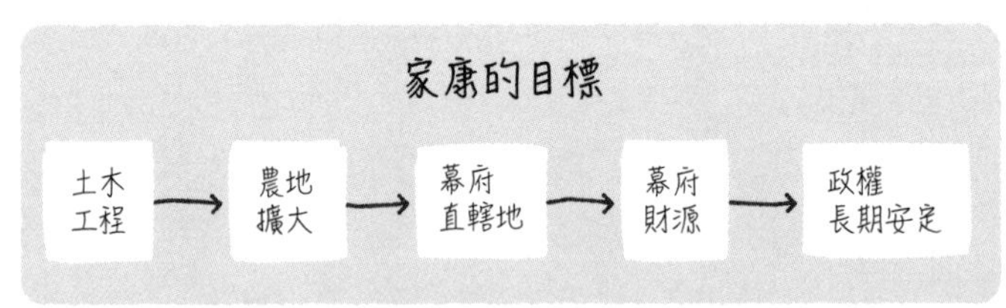

線，利根川直接流入江戶灣（今東京灣），年年氾濫成災。整體來看，關東平原是一片排水不良的沼澤地，農地稀少。

從這裡可以發現「沼澤地↓農地稀少」的因果關係。

另外，從「（關東平原的河川）年年氾濫成災」，可推論出「反覆發生水災↓難以當做農地使用」的因果關係。這裡的重點是，雖然文中只寫了「年年氾濫成災」，但可以用常識——「很難當做農地使用」，補足文中所遺漏的因果關係敘述。

其次，思考「關東平原沼澤地多」與「河川年年氾濫」是不是同一回事。如果都是因為「關東平原地形」所導致，兩者就得歸納為同一原因。以上可以用**圖表19**表示。

於是，德川幕府了解治理關東平原能擴大直轄

圖表19　關東平原的地理特徵

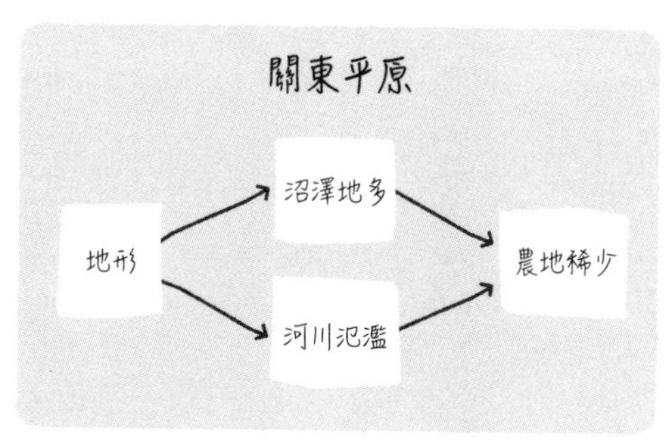

地，建立政權穩定的基礎。但這麼大規模的工程如何可能完成？

答案在這一段：

> 當時處於戰國時代，之前戰爭更激烈，規模也更大；為了築城或水攻，大規模工程技術已有長足進步。

也就是說，戰國時代因為戰爭的關係，大規模工程技術進步神速，德川幕府才有辦法進行這麼大的工程。那麼，戰國時代是如何形成的呢？答案在以下這段：

> 戰國時代日本的農地幾乎沒增加，於是農產品也沒增加，導致糧食不足，引發諸大名間的戰爭。

圖表20就是這一段的因果關係地圖。因為日本農地沒增加，導致糧食不足，才產生了戰國時代。而拜此之賜，使工程技術發達，可以用來在關東平原重新開墾農地。

下一步驟是將三個圖連結起來。連結的線索是相同的關鍵字。把「戰國時代」與「家康的目的」連結起來的關鍵字是「土木工程」；把「關東平原」與「家康的目的」連結起來的關鍵字則是「農地」（「農地稀少」與「農地擴大」）。綜合以上，完成**圖表21**的因果關係地圖。

入門者如果沒有依照這樣的步驟，就無法馬上順利畫出因果關係地圖。

首先，如果無法選出重要的概念框，地圖就會太繁雜，超過原本所需。另一個困難點是，要在分散的概念框中發現「因果關係的連結」。例如**圖表20**的流程中，第一個「糧食不足」，必須從文章最後「戰國時代日本的農地幾乎沒增加，於是農產品也沒增加，導致糧食不足，引發諸大名間的戰爭」得到。之後的「築城／水攻」則必須從文章中段「當時處於戰國時代，之前戰爭更激烈，規模也更大；為了築城或水

圖表20　當時為何能完成這麼大規模的工程？

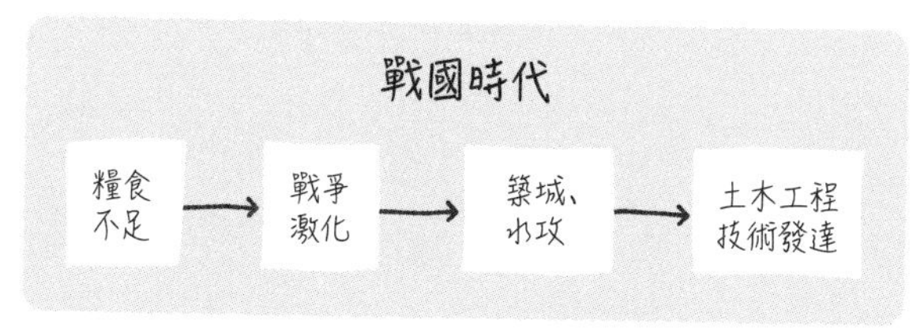

圖表21　家康在江戶成立幕府的因果關係地圖

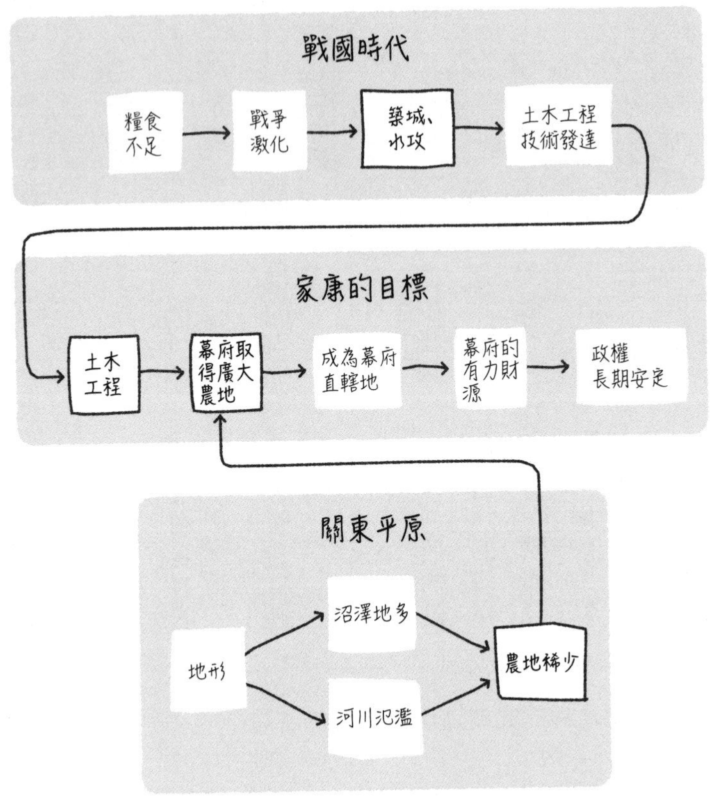

攻，大規模工程技術已有長足進步」得到。

要把分散在文章四處的因果關係結構找出來，是相當困難的作業。因此，從文章開頭問題的答案——「政權穩定」出發，反向追溯因果關係，是比較有效率的做法。

請大家比較原文與因果關係地圖。仔細讀過原文後，可以看懂地圖中的因果關係，但地圖應該遠比文章容易理解。

尤其因為戰國時代築城、水攻技術發達，可以想見，戰國時代武士的任務其實不只是打仗或指揮作戰，還要兼土木工程相關工作。這樣一來，就可以了解為何德川家康可以在關東平原完成這麼大規模的工程。家康在關原之戰征服全國，帶來和平時代之後，應該也感覺到武士角色的變化。

所以，**繪製因果關係地圖也可以有新發現**。

這個問題，是以竹村公太郎的著作《用「地形」解開日本史之謎》（日本史の謎は「地形」で解ける）（ＰＨＰ文庫）為依據。竹村本來就是治水、水庫方面的專家，對歷史與地形的因果關係相當有興趣，出了很多有關歷史的書籍。

我在寫以歷史為主題的問題時，會盡量取材於歷史教科書中沒寫的、令人意外的因果關係（例如，跨越幾百年歲月的因果關係、地球內部所發生事件的因果關係，或歷史事件與地形、經濟、軍事技術、工業技術等非歷史領域事件的因果關係等），回答者在解題時會覺得比較有趣。

用變數型的因果關係地圖找出「消長」關係

如前述，因果關係地圖有兩種，上一題是表現「現象、事件間的原因↓結果」，另外還有一種類型是表現「變數間的相關關係」。表現「原因↓結果」的事件放在方形框，表現變數間的相關則放在圓形框，以利區別。

變數即「變化的數量」，產品的因果關係地圖經常使用變數類型，商業模式的因果關係地圖則兩種類型都能用，也可以看情況把兩種類型組合起來。

有關產品的因果關係地圖，出發點是「顧客價值變數」——什麼樣的價值形成顧客的購買動機。以吸塵器為例，「吸入的空氣量」就是顧客價值變數之一，這個變數愈大，清掃速度愈快。

因此，**繪製產品的因果關係地圖時，要先列舉主要的顧客價值變數（Customer value），其次要舉出對其產生影響的變數（稱為設計變數**[2]**）**。

同樣以吸塵器為例，設計變數之一是「馬達的輸出功率」，馬達輸出功率愈高，「吸入的空氣量」愈大。

把主要的顧客價值變數與設計變數全部列舉出來，再把相互影響的變數用線連起來，在線的中途加上〈＋〉或〈－〉。

線的中途加上〈＋〉，表示「某個變數增加，另一個變數也會增加」，也就是兩個變數朝相同方向變化。線的中途加上〈－〉，表示「一個變數增加，另一個變數會減少」，兩個變數朝反方向變化（**圖表22**）。

2 譯註：design variable，進行最佳化設計時可改變的數值輸入。（https://knowledge.autodesk.com/ja/support/simulation-mechanical/learn-explore/caas/CloudHelp/cloudhelp/2016/JPN/SimMech-UsersGuide/files/GUID-15FD0B35-E287-4635-8781-A38AEA1C9702-htm.html）

如果改變吸塵器的某個部分，會有什麼影響？

接下來，我以吸塵器為例子，讓大家看看如何繪製變數型的因果關係圖。要素大致可分成三種：

①顧客價值變數

- 重量（愈小愈容易搬運）．大小（愈小愈容易搬運）
- 吸入的空氣量（愈大的話，清掃速度愈快）
- 垃圾向外排出量（愈小的話，室內空氣愈乾淨）

圖表22 「變數」連結的規則

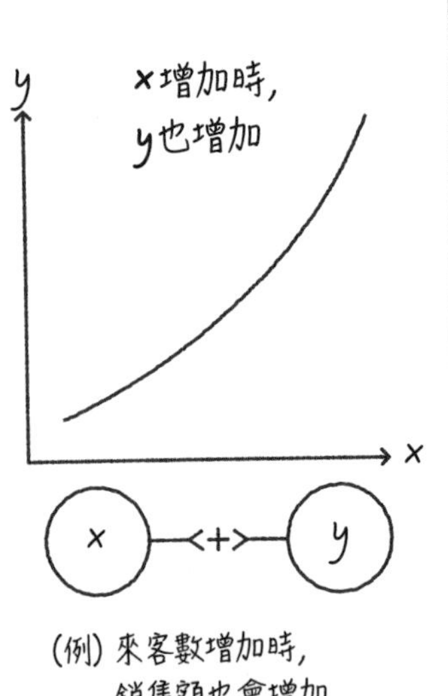

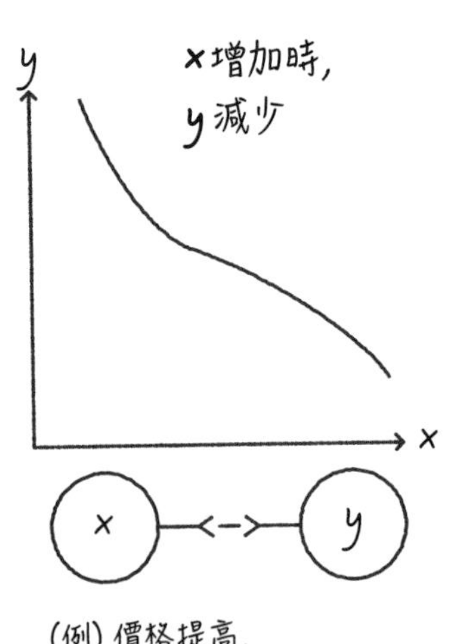

- 過濾器更換間隔（愈長愈省事，運轉成本（running cost）愈低）
- 集塵袋更換間隔（愈長愈省事，運轉成本愈低）

②設計變數

- 馬達輸出功率
- 吸氣風扇效率
- 過濾網網眼大小
- 集塵袋網眼大小
- 集塵袋大小

③吸塵器運作原理

馬達使風扇旋轉，從吸入口吸進空氣，通過過濾器、集塵袋後，向外排出空氣。集塵袋的紙會留住較大的垃圾，過濾器會留住從集塵袋出來的一部分細小垃圾，其餘垃圾則排出外面。

過濾器堵塞時，空氣會很難吸進去，所以堵塞時必須更換。集塵袋在垃圾裝滿時也必須更換，但集塵袋堵塞時，即使垃圾還沒裝滿，仍必須更換。

馬達輸出功率愈高，吸入的空氣愈多。馬達輸出功率相同時，集塵袋、過濾器的紙材質愈細密，吸入的空氣愈少，但能留住更細小的垃圾。

接下來，我用以上資料繪製吸塵器因果關係地圖。

首先，從③的運作原理說明中可知，影響「吸入的空氣量」這項顧客價值變數的有「馬達輸出功率」、「集塵袋網眼大小」以及「過濾網網眼大小」。這部分畫在**圖表23**的左上方，以下我們邊看圖邊說明。

馬達輸出功率愈大、集塵袋與過濾網的網眼愈大（網眼愈粗），吸入的空氣量會愈大，所以這些都用〈＋〉連結。

其次，請看顧客價值變數中的「排出空氣時的垃圾量」。從運作原理的說明中可知，影響這項

圖表23 與3個顧客價值變數有關的設計變數

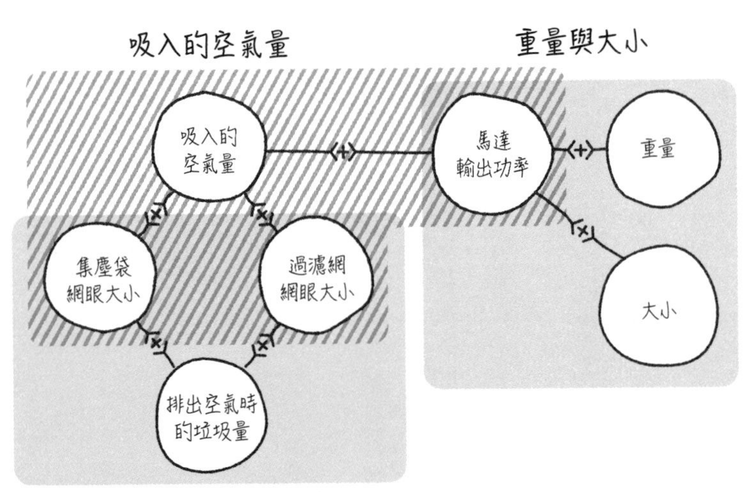

變數的有「集塵袋網眼大小」與「過濾網網眼大小」。集塵袋與過濾網的網眼愈大，會有更多飄散物質隨著空氣一起向外排出，排出空氣時垃圾量也會愈多。

再來看顧客價值變數中的「重量與大小」，影響這項變數的是「馬達輸出功率」。從常識就可以知道，馬達輸出功率愈強，吸塵器會愈大、愈重。

以上這點再加上剩下的兩項顧客價值變數，就成了**圖表24**。

「過濾網網眼大小」愈大，「過濾器更換間隔」就愈長，所以用〈＋〉連結。

最後是「集塵袋更換間隔」。

圖表24 吸塵器的因果關係地圖

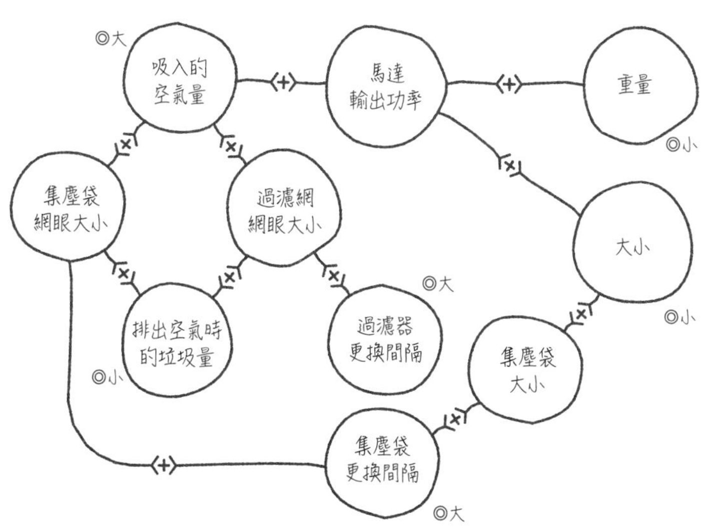

有兩種狀況發生時，就該換集塵袋了。第一種可想而知，就是袋中垃圾裝滿的時候；但垃圾未滿時，如果集塵袋堵塞，會使吸入空氣量太低，所以也有更換的必要。因此，「集塵袋更換間隔」與「集塵袋的大小」、「集塵袋網眼大小」用〈+〉連在一起（因為集塵袋愈大、集塵袋網眼愈大時，集塵袋更換間隔愈長）。

吸塵器的因果關係地圖完成了，但為了要讓圖更容易理解，我在「顧客價值變數」旁做了◎記號，如果該變數愈大愈好就寫「大」，愈小愈好就寫「小」。

產品因果關係地圖的目的之一，就是要找出「消長」（Trade-off）關係。「消長」指「某件事變好，另一件事就會變差」的現象，和「兩難」（dilemma）、「無法兩全」的意思一樣。

最需要找出的就是顧客價值變數之間的消長，當某項顧客價值變數上升，其他顧客價值變數就下降時，就必須決定要讓哪一項下降。但如果問顧客「A和B哪個重要」，答案可能會因不同客人、產品而異。因此，必須根據客層、用途、商品的概念來做出取捨。

用因果關係地圖，很容易看出變數間的消長關係。互相用〈+〉連結的顧客價值變數是往相同方向變化，如果兩方標記的「大」或「小」相同，就不會產生兩難的狀況。

請看**圖表25**，因為「吸入的空氣量」和「重量」這兩項顧客價值變數是用兩個〈＋〉串連，跟用〈＋〉直接連接的意思一樣，表示朝相同方向改變；空氣吸入量愈大，重量愈重。

不過，雖然空氣吸入量愈大愈好，但重量卻是愈小愈好，所以可知，這兩項變數是消長的關係。

圖表25 用因果關係地圖可以馬上了解「消長關係」

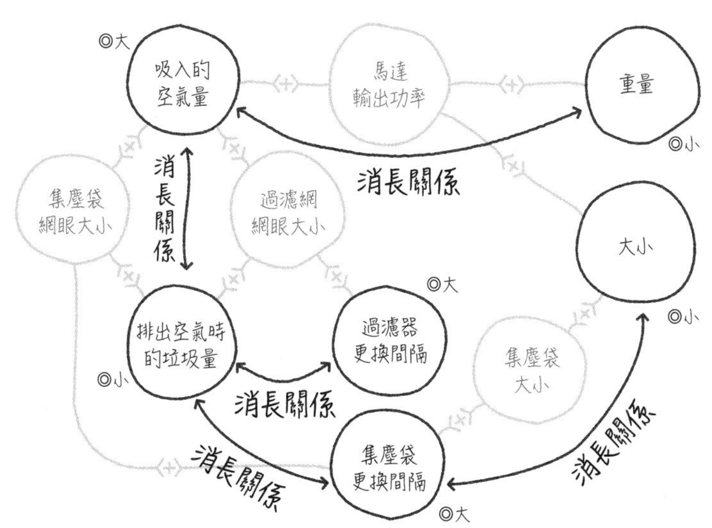

同樣地，也可以知道「吸入的空氣量與排出空氣時的垃圾量」、「排出空氣時的垃圾量與過濾器更換間隔」、「排出空氣時的垃圾量與集塵袋更換間隔」、「集塵袋更換間隔與大小」之間有消長關係。

附有小輪子，可以在地板上輕鬆移動的吸塵器較大、較重，吸入空氣量比較大、集塵袋更換間隔也比較長，但上下樓梯不方便。相反地，手提式吸塵器重量較輕、比較小，但吸入空氣量較小，集塵袋更換間隔也比較短。

繪製產品的因果關係地圖
就能了解變數間的「消長關係」。

iPhone成功主因的因果關係地圖

接下來嘗試繪製「商業模式因果關係地圖」。商業模式的因果關係地圖，簡單來說就是「把賺錢方式可視化」，亦即說明某公司怎麼做才能賺錢的因果關係地圖。

這裡藉著繪製商業模式因果關係地圖，說明蘋果iPhone成功的主要原因。具體來說，就是一邊回答一連串的問題，同時一步步畫出因果關係地圖，最後總整理。

問答①

iPhone以終端聞名，設計是它吸引人的原因之一。iPhone會有這麼好的設計，是拜蘋果公司先前開發的某項產品之賜。請問是什麼產品呢？

答　播放數位音樂的iPod

說明　蘋果公司開發iPod後，小型手持機器的設計能力、小型機器用金屬機殼的技術能力都提高了（**圖表26**右上）。iPod的開發過程使用了各式各樣的金屬加工技術，這都是iPhone設計吸引人的原因。

問答②

iPhone的另一項吸引力是「終端設備使用方便」與「終端軟體（音樂、應用程式）管理方便」。使用的方便性來自蘋果其他產品開發團隊的貢獻，請問是哪個團隊呢？

答 蘋果個人電腦用OS的開發團隊。

圖表26　設計的吸引力與終端使用方便的原因

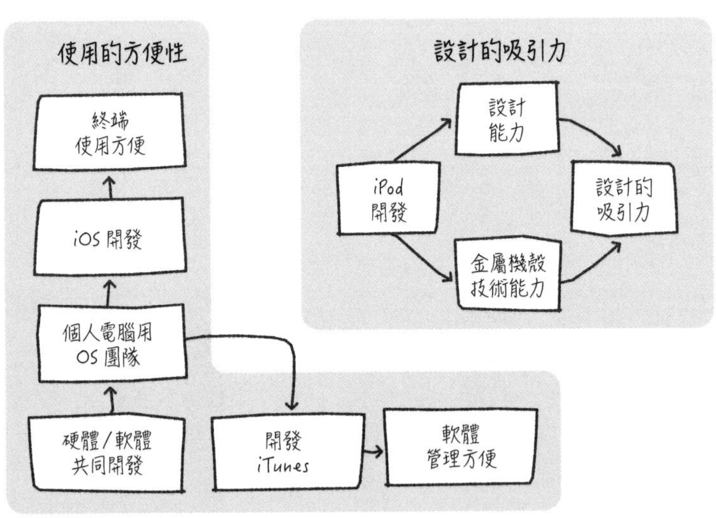

說明 不同於其他廠商，蘋果的個人電腦從以前就採取硬體、基礎軟體（ＯＳ）共同開發的策略，所以蘋果有個人電腦用ＯＳ（MacOS）的開發團隊。MacOS傾全力在使用方便性上，讓用戶靠直覺就能使用。方便的使用者介面（User Interface，簡稱ＵＩ）更是其得意之作。而iPhone用ＯＳ（ｉＯＳ）的開發可以在公司內進行，這和終端的使用方便性有關。

此外，iPhone管理媒體的軟體「iTunes」，和ｉＯＳ巧妙互通，所以軟體管理相當方便。這也是蘋果硬體、軟體共同開發策略的成果，我把這點畫在**圖表26**左邊。

把**圖表26**兩個獨立的地圖連接起來，就成了下頁的**圖表27**。其中將「設計的吸引力」、「終端使用方便」、「軟體管理方便」歸納為「使用者的高品質體驗」。使用者的體驗正是賈伯斯最重視的顧客價值。

問答③

iPhone事業能成功，蘋果能得到終端產品銷售以外的收入來源也是很重要的原因。蘋果還有哪些收入來源？又是如何得到的呢？

圖表27 使用者的高品質體驗與軟體種類多樣的主因

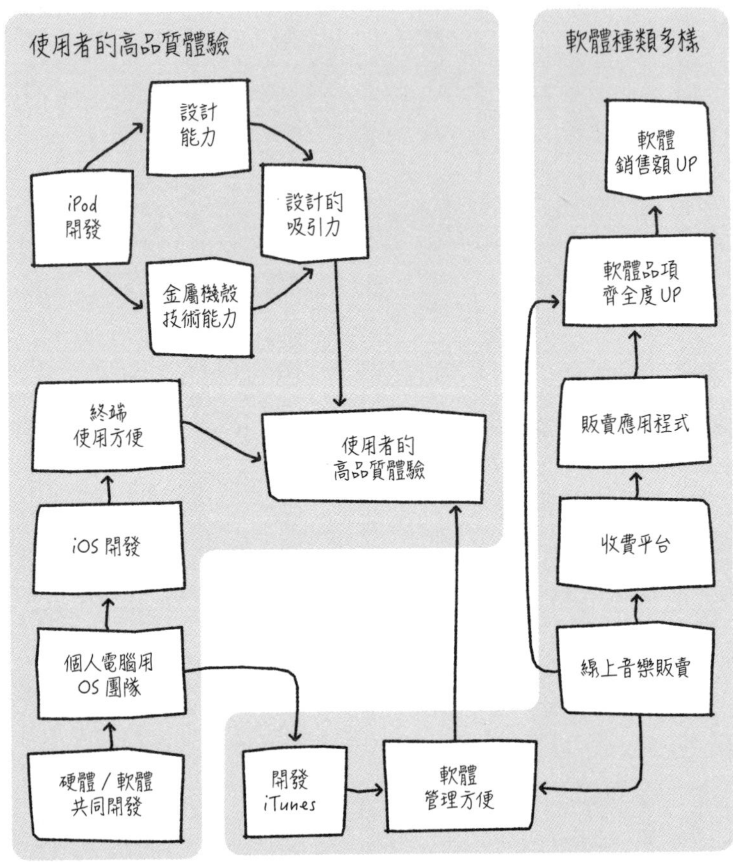

答 販賣音樂、應用程式等軟體的收入。

說明 手機商務中，除了終端銷售以外，手機通訊公司獨占所有軟體的收費工具。例如都科摩（NTT DOCOMO）首創手機上網服務「i-mode」，這項軟體的使用費就連同通訊費，由都科摩向一般手機用戶收取，而都科摩得到手續費。i-mode的軟體提供者沒有直接向用戶收費的工具。終端廠商販賣的終端產品無論有多少軟體收入，也不能計入銷售額。但蘋果不經由手機通訊公司，而直接向用戶收取音樂、應用程式的費用，計入自己公司的銷售額。

蘋果可以直接向用戶收軟體費用，原因之一是iPhone的終端非常吸引人，對無論如何都要賣iPhone的通訊公司來說，蘋果位於優勢立場。蘋果從iPod時代開設線上音樂商店「iTunes Music Store」起，就有了收費平台。iPod使用者改買iPhone時，就繼續使用iTunes Music Store的收費帳戶，不需再花時間更換。蘋果開設線上音樂商店在業界是首次的大手筆，但也是因為賈伯斯在音樂界人脈廣，談判時如有神助，所以才做得到。

蘋果發售iPhone後，不久就對第三者開放ｉＯＳ的應用程式軟體開發，開設線上商店「App Store」，販賣應用程式，這也相當受歡迎。iPhone軟體的品項非常多，這點對軟體銷售額的提高也有幫助。

圖表27右側是以上內容的總結。

問答④

蘋果公司在二〇〇七年加入手機市場，數年後就獲得壓倒性優勢，幾乎獨占全世界手機的終端銷售利潤。其中的機制是什麼呢？

答 軟體與終端魅力相輔相成，產生良性循環。

說明 iPhone設計優良、使用便利，提供的使用者體驗品質遠超過其他的智慧手機，所以一發售便大受歡迎，擴大了市占率。此外，蘋果開發多項iPhone應用程式軟體，軟體品項齊全，更提高iPhone終端的吸引力。

如此，iPhone產生「終端的吸引力→終端市占率擴大→軟體品項增加→終端吸引力提高」的正回饋循環（positive feedback loop）。我把其中的因果關係整理成**圖表28**。

這樣的循環除非有某些條件限制，否則就會無限制地持續擴展。iPhone的限制條件就是價格比其他公司的智慧手機昂貴。不過拜此之賜，iPhone成為非常賺錢的產品，據說蘋果公司六兆圓（約新臺幣一．六兆元）以上的利潤，大半來自iPhone。

接下來，要一步步把所有的圖連結起來，再追加其他要素，完成iPhone成功主因的因果關係地圖（**圖表29**）。這個完整的因果關係地圖中，除之前的圖以外，還加入「終端銷售額增加與零件成本下降」這項有關規模利益[3]的因果關係。

圖表28 終端與軟體的良性循環

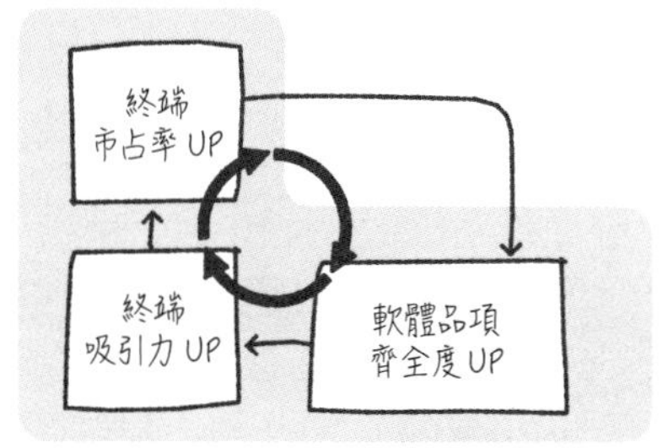

3 譯註：Scale Merit，一定科技水準下生產能力的擴大，使長期平均成本下降的趨勢，及長期費用曲線呈下降趨勢。（http://www.twword.com/wiki/%E8%A6%8F%E6%A8%A1%E7%B6%93%E6%BF%9F）

圖表29 iPhone成功主因的因果關係地圖

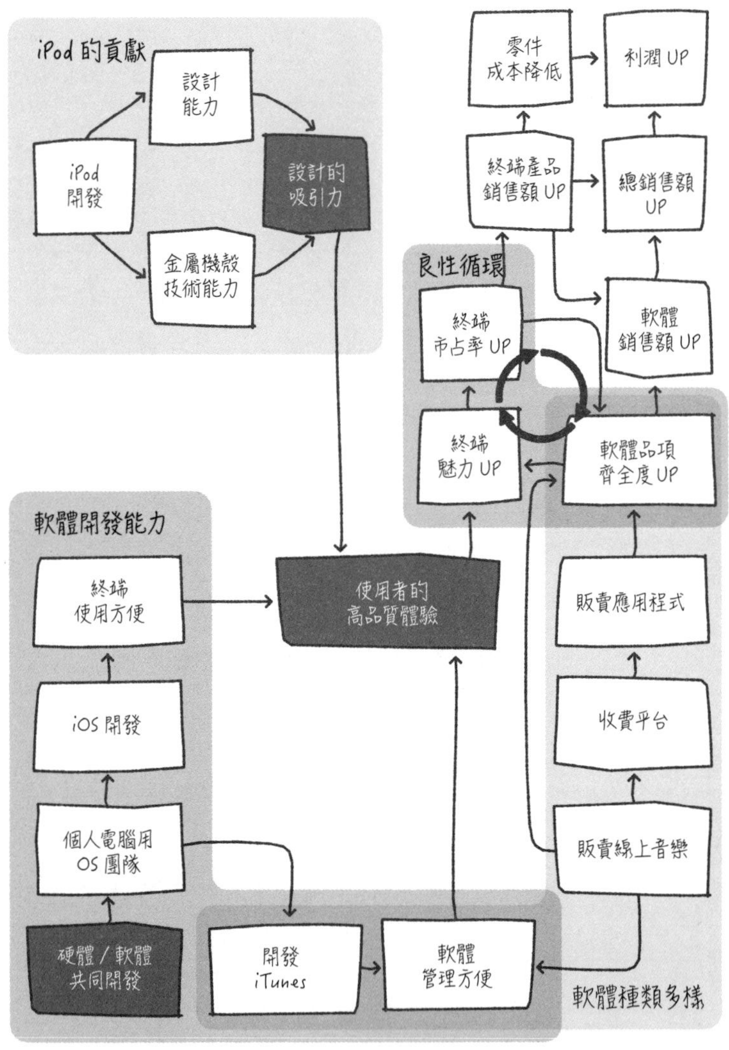

提高因果關係地圖的抽象程度

接著要將整體地圖從「原因→結果」型變成「變數」型，同時試著減少地圖中的要素。

提高因果關係地圖的抽象程度有利有弊。若抽象化時能留下本質性的要素，這個地圖就能表現出iPhone的成功主因。但另一方面，也會擔心漏掉重要的具體要素或策略。提高地圖抽象程度時，汲取本質固然重要，但也必須小心，可能會遺漏某些訊息。

接下來，將整張地圖每個部分的各個要素轉換為變數，並減少要素數目。

首先，將**圖表29**左側「iPod的貢獻」與「軟體開能力」的部分轉換為變數，並減少要素數目，成為**圖表30**。**圖表30**表達的是，托iPod之福，設計能力增強，使設計的吸引力與使用方便性也提高的因果關係，以及公司擁有個人電腦ＯＳ開發團隊，因而提高了軟體開發能力與使用方便性。

接下來畫出「軟體品項齊全度」的抽象化地圖。

請看**圖表31**，首先，我們知道「終端的競爭力」和「使用者體驗的品質」（**圖

圖表30 把「iPod的貢獻」、「軟體開發能力」進一步抽象化

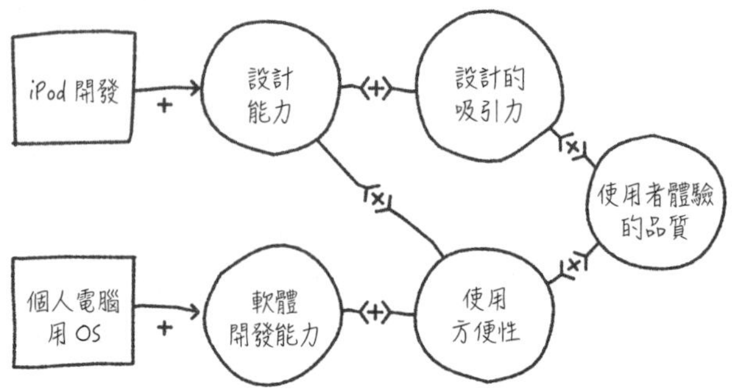

圖表31 把「軟體品項齊全程度」進一步抽象化

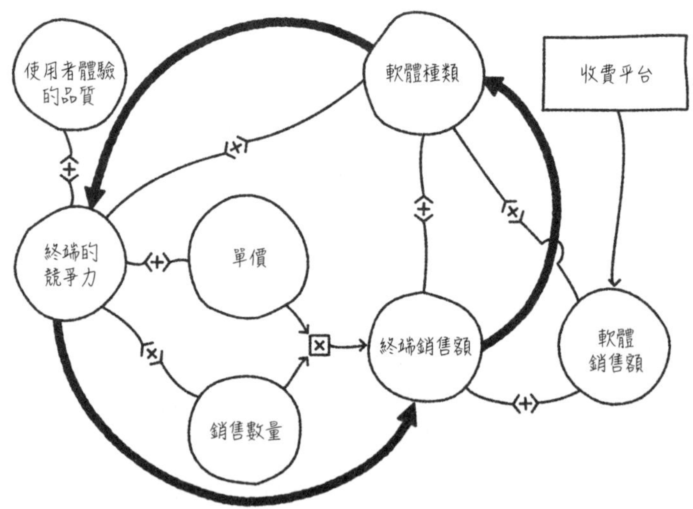

表30也有此變數）有關，而「軟體種類增加」也和終端的競爭力有因果關係。因為終端競爭力提高，終端產品單價、銷售數量也會提高，終端銷售額也會增加。終端銷售額增加的話，終端市占率也會提高，為該終端產品製作的軟體種類也會增加，形成「終端的競爭力↓終端銷售額↓軟體種類↓終端的競爭力」的良性循環。

軟體種類增加，再加上有收費平台，於是軟體銷售額也增加了。因此可知，蘋果在iPod時期建立iTunes線上商店收費平台，對iPhone的利潤增加頗有貢獻。

如果蘋果沒有獨立的收費平台，就必須使用手機通訊公司的通話費收取平台，軟體銷售所得就不會計入蘋果公司的銷售額。

最後將這些抽象化地圖總整理，完成iPone成功主因的因果關係地圖（**圖表32**）。

「標記練習」可幫助抽象化思考

要進行抽象化思考，以減少因果關係地圖中的要素數量，是非常困難的事，困難點在於必須用簡單幾句話表達多項要素的共同點。

圖表32 iPone成功主因的變數型因果關係地圖

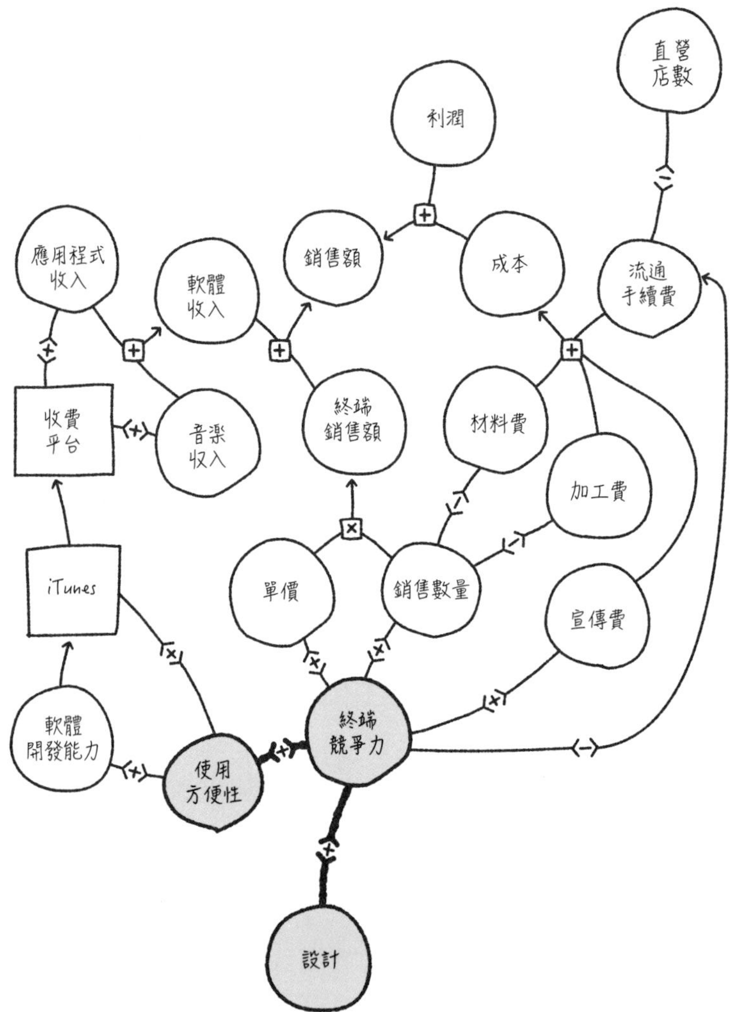

練習「標記（labeling）問題」，有助於提高這種能力。

標記問題指閱讀某個主題的幾段（比如說三段）文字，用簡短的話來表達（標記）其內容。例如，請閱讀以下文字。

電子標籤 IC Tag

①被期待做為新一代條碼的無線電子標籤。

②在小型芯片（tip）中植入商品價格或其他資訊，無線發送訊息。

③也有可植入紙幣、商品券中的小型極薄產品。

以上三段文字可以這樣標記：

①用途

②機制

③超小型、極薄

來做幾個標記問題的練習吧！先試試看，標記以下這六則。

標記練習① 日本經濟持續停滯的原因是什麼？

日本爬出戰敗的谷底，一口氣登上世界第二經濟大國。但後來無法擺脫泡沫崩解的後遺症，陷入通貨緊縮二十年，最近似乎漸漸出現轉機。戰後的日本經濟大約可分為三個時期。

・戰後日本經濟的三個時期

①最初是戰敗到一九五五年的占領、復興期。因韓戰特需，日本把握住恢復經濟的契機。這個時期，日本經濟的高度成長讓全世界驚嘆。

②再來是昭和後期的高度成長到泡沫經濟時期。這段期間，日本熬過幾次的不景氣、石油危機、匯兌危機等經濟危機。與美國的經濟衝突愈激烈，日本經濟就愈發達。

③最後是進入平成後的停滯期。因泡沫崩壞，地價、股價暴跌，經濟無法恢復，進入長期停滯，名義GDP（Nominal GDP）在一九九七年最高，二〇〇九年被中國超越，二〇一四年GDP降到中國的一半。

泡沫崩壞後，日本持續低迷的原因有以下三點：

•造成「失落的二十年」的三個原因

④無法徹底解決某些既得利益團體的問題，因為其基礎牢不可破。導致一千兆圓（約新臺幣二百七十兆元）的國債。自民黨長期執政所培養出來的產、官、學「鐵三角」，現在依然存在。

⑤平成後就任的首相，到安倍晉三為止共有十六人；加上眾議院、參議院的扭曲現象，造成政治不穩定。因為是短命政權，政治領導窒礙難行，使外交能力也降低。

⑥日本企業無法擺脫高度成長期的成功經驗，只盤據在國內、歐美等主要市場，無法打進成長中的新興國家市場。

以下是為這六段文字做標記的例子。如果去掉括號的部分，就是更抽象化的標記。

①（從餘燼中重生的）復興期

②（克服許多危機的昭和後期）成長期

③（泡沫崩壞後的）停滯期

④（無法解決既得利益團體的問題），體制改革不徹底

⑤（持續短期政權、眾參對峙的扭曲國會，導致）政治不穩定

⑥（滿足於成功經驗）對新興國家市場的攻略晚了一步

再請大家做接下來的兩題，每題各有三段文字。

標記練習② 基督教向羅馬帝國的傳播

①羅馬帝國能夠發展，是因為其領土擴展至整個地中海地區。羅馬境外領土的擴大促進了經濟成長，當時是西元前三至二世紀，羅馬帝國正處於顛峰時期。

②但到了西元三世紀，領土無法再向外擴張，羅馬帝國失去了經濟成長的發動機。因為得不到新的奴隸，大農場的地主受到相當的打擊。

③在顛峰時期，只要給百姓「麵包與競技場」[4]，就能讓社會安定。但經濟成長停滯，統治者無法供給人民食物與娛樂，便引起社會不安。

基督教正是在這「三世紀危機時期」傳到羅馬帝國。

標記的例子

①羅馬經濟成長主因（是境外領土的擴大）

②羅馬經濟停滯主因（是失去境外領土）

③財政困難引起社會不安

接下來的題目跟世界史有關。

標記練習③　中南美白銀流入歐洲的影響

①十六世紀西班牙在中南美發現銀礦，這些白銀大量流入西班牙，引起物價

4 譯註：panem et circenses，出處是古羅馬詩人Juvenal指出當時統治者用無償給予市民食物與娛樂來鞏固權力，使羅馬市民對政治漠不關心。（https://ja.wikipedia.org/wiki/%E3%83%91%E3%83%B3%E3%81%A8%E3%82%B5%E3%83%BC%E3%82%AB%E3%82%B9）

飛漲，史稱「物價革命」（Price Revolution），這也讓停滯的經濟活動活躍起來。

②此時，英國的毛織品產業大為擴展，與法蘭德斯地區（Flanders，跨越現今荷蘭南部、比利時西部、法國北部）形成競爭；而白銀的大量流入透過金融都市，使英國走向工業化。

③當時西歐因人口增加與都市的發展，導致糧食不足。但歐洲氣候變冷，毛織品需求增加，英國許多地主因此停止生產穀物，改生產羊毛（圈地運動）。地中海沿岸的南歐地區也因為想得到白銀，改種植水果、橄欖等出口作物。所以，在哥倫布發現新大陸以後，西歐穀物有減產的傾向。

標記的例子

①中南美的白銀引起歐洲物價飛漲／物價飛漲
②白銀的流入與歐洲工業化有關／工業化
③歐洲人口增加與糧食不足

這樣，大家可以理解因果關係地圖的基本想法與做法了嗎？

進行標記練習以增加抽象化能力，加上每天訓練自己跨出慣常的思考框架，幾個月後，思考能力應該能大幅成長。最後一章會整理出日常生活中具體的訓練方法，大家可以對照著看。

接下來的兩章是實踐篇。我會舉出把深思快想應用在創造性工作上的具體例子，請大家參考，試著想出新的商業模式。第四章中，我會用因果關係地圖分析賺錢企業，第五章則請大家體驗「想出新商業模式」的一連串過程。

思考祕訣④ 抽象化思考時的感覺

這幾年，我畫了無數因果關係地圖，感覺自己的抽象化能力也大幅增長。開發深思快想訓練課程時，我製作了近一百題的因果關係地圖問答範例。自己製作範例比較簡單，花幾分鐘就可以做出來。

不過，要在產品開發諮詢時，繪製實際開發中產品的因果關係地圖，是非常困難的事，必須深入思考才能做到。

諮詢時，若遇到發生嚴重問題的開發計畫團隊，我會邊問產品運作原理，邊畫因果關係地圖。之後，自己再不斷反覆考慮，才能完成有助於解決問題的因果關係地圖。

這個時候，我可以實際體會到「拚命深思熟慮」是什麼樣的感覺。

畫因果關係地圖時，最累人的是要找出「適當的變數」。和產品有關的變數有很多，要用簡潔的方式表達出目前產品最重要的問題本質，需要哪些變數？繪製的過程中，我會時而提高抽象度，時而降低，腦中不斷舉出可能的變數。

發現合適的變數時，會覺得自己「幹得好」，腦中會產生歡天喜地、彷彿要跳起來的感覺。因為原本模糊不清的狀況，現在乾淨俐落地解決了。這正是繪製因果關係地圖的醍醐味。

這樣的過程中，有時會想到「自己是用什麼樣的方式思考」的問題。我的方式是一點一點地前進，雖然緩慢，但以抽象化思考的感覺為起點，能進行更有效的思考。這就像照鏡子看自己揮高爾夫球棒的姿勢，檢查基本動作正確與否。

要自己改善思考方法時，一定走出自己之外，從外面觀察自己思考的樣子。

第4章

取得材料

——汲取商業模式的「本質」

用因果關係地圖「解剖」賺錢機制

假設，你在經營連鎖餐廳的公司工作，某天，公司交代你製作新連鎖餐廳的企劃案。

如果用淺薄的方式思考，費再多心思，也只能想出「模仿Sukiya、吉野家開牛丼連鎖店」、「提供拉麵、牛排」之類老套的企劃案，無論如何也想不出嶄新又符合需求的企劃。

餐廳連鎖店競爭激烈，若不想出其他餐廳所沒有的顧客價值，且確實賺得到錢的企劃案，就稱不上是成功的連鎖店事業。因此，第一步就是要研究業績良好的連鎖餐廳或其他服務業的連鎖店，弄清楚個別的成功因素結構。

具體來說，就是透過書籍、雜誌報導、電視節目、採訪業界達人等方式，研究各種連鎖店的詳細業務，繪製「賺錢機制」的因果關係地圖。

我經常透過收看有關經濟的電視節目，來研究連鎖店的賺錢機制。尤其某次看到一個節目，主題是詳細介紹某間公司，可以在螢幕上看到現場詳細狀況，該公司的重要竅門也會在節目中說明，社長也在鏡頭前說明經營戰略，這樣的節目就是能學到詳細實例的理想素材。當然，書、雜誌、網站等也可以提供實例，重要的是提供的資訊是否像該節目一般，達到現場詳細策略的層次。

先從同為餐飲業界的研究實例看起吧！

餐廳賺錢機制分析① 鳥貴族

問題①

鳥貴族是連鎖居酒屋，菜單以烤雞肉串為主，均一價二百八十圓（約新臺幣七十五元），是相當受歡迎的店，每天都高朋滿座，在二〇一四年股票上市。鳥貴族之所以吸引人，是因為具備「上菜快、好吃又便宜」這三項基本要素，但主要的原因是什麼？

答 首先，菜單以烤雞肉串為主，食材使用日本產雞肉，不用冷凍進口雞肉。把雞肉串到竹籤上的作業是白天在店內廚房進行，以確保食材新鮮。烤肉架是公司自己開發的，用紅外線平均加熱，可以把肉烤得好很吃。因為是同時大量燒烤，點餐後很快就能上菜。以上特徵畫在**圖表33**。

問題②

用國產雞肉、在店內串肉，都需要高成本，鳥貴族怎麼做得到均一價二百八十圓呢？

答 薄利多銷。亦即「增加顧客翻桌率，賺取每單位店鋪面積的銷售額」，所以即使低價仍能賺錢。

菜單以烤雞肉串為主，使用大量雞肉，進貨價可比少量購買者便宜四成。此外，開店地點不選在一樓，以節省租金。

說明 菜單限定雞肉，並使用專用烤肉器具，任何人都能平均加熱，把肉烤得美味。不只待客人員，烹飪人

圖表33 鳥貴族「上菜快、好吃又便宜」的理由

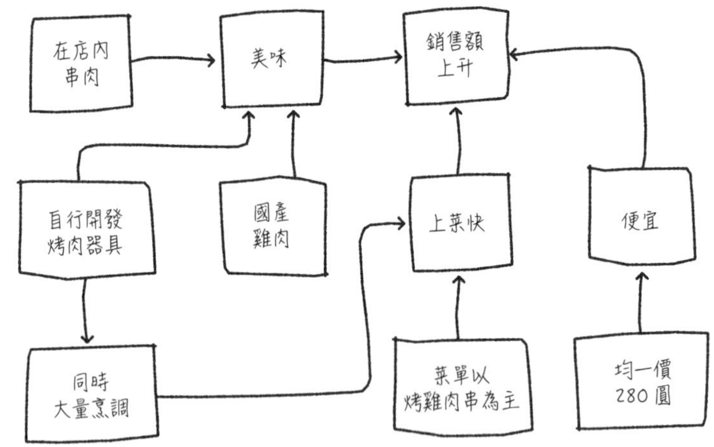

員也多用兼職者，以降低人事費。這些降低成本的策略整理在**圖表34**。

接著，請閱讀以下說明鳥貴族「成功的祕密」的文章，並繪製因果關係地圖。

鳥貴族成功的祕密

居酒屋從前的主要顧客是男性上班族，但最近也吸引了女性、家庭顧客。從前只要來到鬧區，就可以看見連鎖居酒屋櫛比鱗次；但最近因連鎖居酒屋惡性競爭、年輕人漸漸遠離酒精、一般人盛行在家喝酒等原因，許多連

圖表34 能降低成本的理由

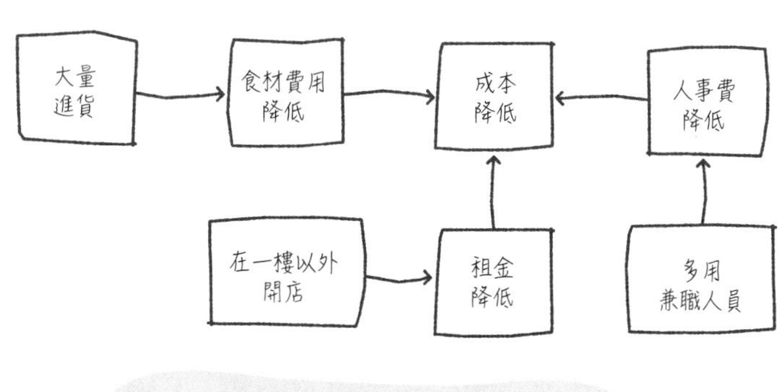

鎖居酒屋面臨困境。但在這樣的情況下，鳥貴族仍一枝獨秀。鳥貴族從一九八七年創業以來，年年成長，現在全日本有超過四百五十間店，年銷售額超過一百八十億圓（約新臺幣四十八億元）。

鳥貴族店內到處座無虛席，有的店還要等上一個小時才有位子。這也是理所當然的，因為包含酒類在內，所有餐點一律二百八十圓，這個價格很能吸引顧客。最吸引人的是特大號烤雞肉串，是超市烤雞肉串的兩倍以上。菜單上有六〇％的餐點是雞肉類，沒有生魚片之類生食。居酒屋業界食材費率平均約三〇％，鳥貴族的食材費率竟高達六〇％，遠遠超過其他餐廳。

鳥貴族每間店都不供午餐。白天時段開始，兼職的主婦花幾個小時進行切雞肉、串肉作業。沒有中央廚房，串肉作業在店內進行，確保食材鮮度。進口雞肉經過冷凍，味道會變差，所以一律用國產冷藏雞肉。批發雞肉給鳥貴族的公司，一年給鳥貴族的雞肉量高達三千八百噸，所以給鳥貴族的價格比少量購買者便宜四〇％。

菜單幾乎都是烤雞肉串，主要的烹調工作就是烤雞肉。鳥貴族自行開發電熱式烤肉器具，用遠紅外線平均加熱，不需控火，連兼職人員都能立刻上場烹調。鳥貴族的烹調方法也完全標準化，並製成手冊讓員工學習，全國店鋪的味道、服務都是統一的。

鳥貴族店面大都在地下樓或二樓以上，租金比面對大街的店便宜三成。

鳥貴族總公司的大樓位於大阪市內，因經費削減而選在住宅區，一樓是工廠，製作全國店鋪的烤雞肉串調味料。所有調味料從原料開始製作，要花費數天才能完成。這個調味祕方提供全國店鋪，有助於味道的統一。

把這兩題畫出的兩張地圖結合起來，就是鳥貴族的因果關係地圖（**圖表35**）。從這張因果關係地圖可看出前文提到的鳥貴族菜單的特殊策略，重點如下：

- 非常便宜、簡單的價格設定：「二百八十圓均一價」（顧客增加）
- 為壓低租金，在一樓以外開店
- 菜單以雞肉料理為主（降低成本）
- 只用國產非冷凍雞肉（提高美味程度）
- 沒有中央廚房，白天在店內切肉、串肉（提高美味程度）
- 開發烤雞肉串專用烤架，連兼職人員都能同時燒烤很多串，加熱還很平均（提高美味程度）

圖表35 鳥貴族的因果關係地圖

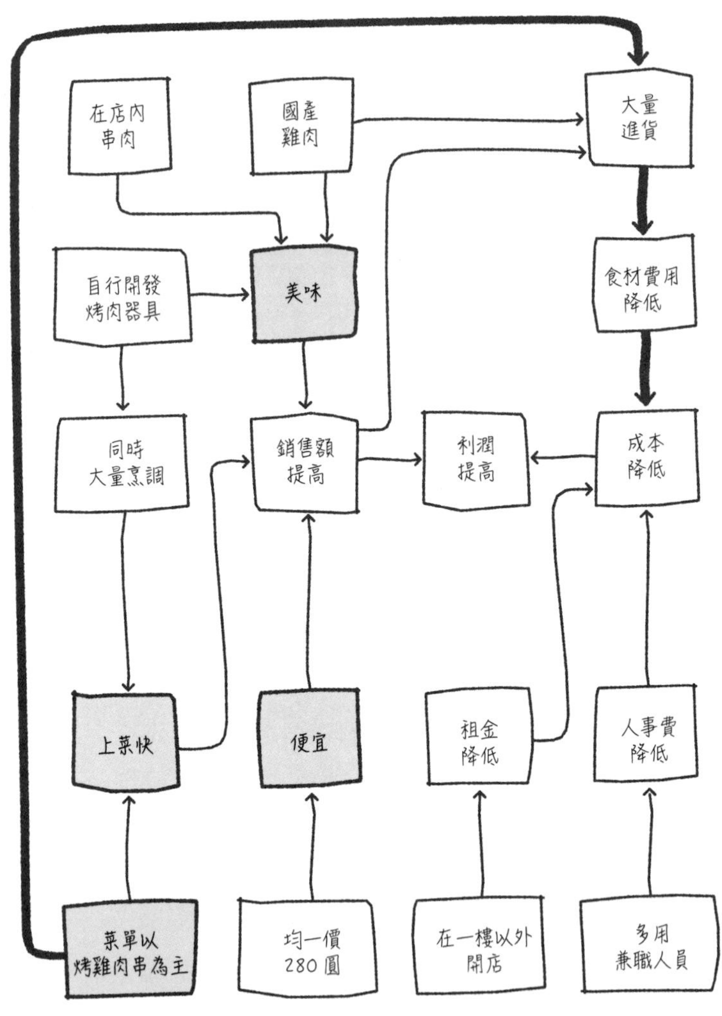

- 調味祕方由總公司的工廠製作，提供給全國店鋪（提高美味程度）

餐廳賺錢機制分析② 大戶屋

問題①

大戶屋原本是池袋的大眾食堂，現在已成長為大型定食連鎖餐廳。大戶屋挑戰業界「常識」，不用高級食材，但能成功做出美味餐點。這是如何做到的呢？

答 沒有中央廚房，由各店鋪進行採購。此外，定食的配菜全部一份份地做，客人吃到的菜都是剛做好的。

說明 基本上，**一般連鎖餐廳的食材一律由總店供應，在中央廚房烹調到一半的程度，再交給各分店，完成剩下的一半，這是連鎖餐廳的常識**。因為依這樣的方式能降低成本，統一餐點的味道。

相反地，大戶屋的烹調作業，包含採購在內，都由各分店進行，設法讓普通的食材也能做出好口味。

具體來說就是像**圖表36**所顯示，由店內採購食材，配菜一份一份地分別烹調，給客人剛做好的、熱騰騰的食物。

此外，大戶屋使用的烹調法只限「烤、炸、熱水煮」三種。因為這三種方法提供的食物是剛做好的，客人會覺得比較好吃。

問題②

大戶屋總店不只設計菜單、供應食材；為了讓所有店鋪的味道一樣好，也在烹飪器具、烹調程序的教育方面下了各種功夫。他們下了什麼功夫呢？

圖表36　由各店鋪進行烹調作業的效果

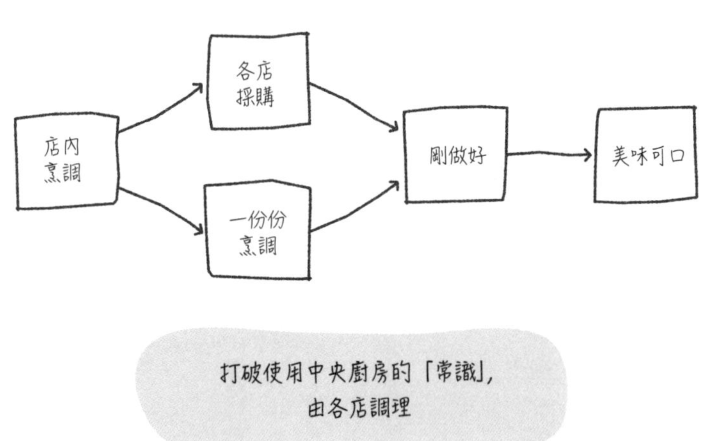

答 開發可製作一人份材料的烹調器具，分發給各店。例如自動柴魚刨片機，可快速削好一人份的柴魚片。此外，也將烹調程序詳細標準化，製作DVD說明每個步驟。因此，連兼職人員也能做出同樣好吃的料理（**圖表37**）。

說明 大戶屋餐點是一份份製作，而非集中一起做，如果步驟不夠有效率，就會花太多時間，而讓客人等太久，人事費用也會提高。

因此，大戶屋總店精心研究烹調過程，找出最有效率的程序，將其詳細標準化，製作成DVD分發各店，兼職員工看了DVD就知道如何調理。也可以說，跟其他連鎖餐廳比起來，大戶屋引導出兼職人員較多潛力。

圖表37 讓所有店鋪味道一樣好的方法

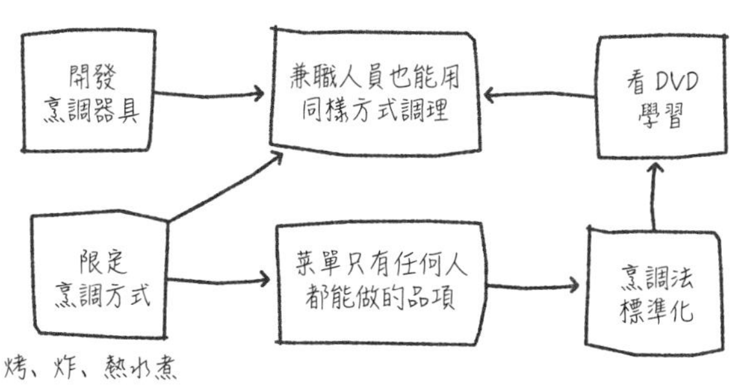

問題③　大戶屋為增加銷售額，設法鎖定某種客層。是哪個客層呢？

答　特別鎖定女性顧客。

說明　定食餐廳給人的印象就是「分量多」，讓女性顧客敬而遠之，大戶屋竟敢鎖定這個客層（**圖表38**）。

在「漂亮的室內裝飾」、「低熱量、多蔬菜的健康菜色」方面下功夫，並適當減少分量，因此受女性顧客喜愛。

接著來看有關大戶屋的文章，完成因果關係地圖吧！

圖表38　大戶屋為增加銷售額而鎖定的

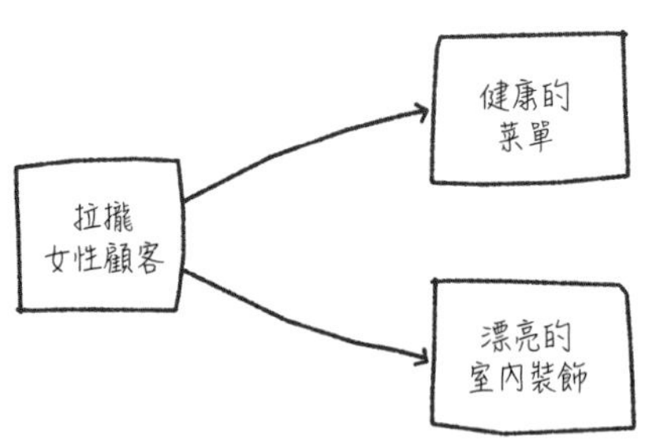

大戶屋為何能成功呢？

從前日本到處都有大眾食堂，但現在幾乎看不到了。大戶屋從池袋的大眾食堂成長為全國擁有四百家分店的定食連鎖餐廳，銷售額在二〇〇一年為五十億圓（約新臺幣十三億元），二〇一五年增加為二百四十六億圓（約新臺幣六十六億元），還進軍國外，非常受歡迎。

該公司成功的祕密就是「挑戰常識」的思考方式。

大戶屋沒有中央廚房，就是要跟其他餐廳做區別。中央廚房雖然能提高人員與器具的效率，但大戶屋對提供給客人的東西很講究，所以是由各分店從頭開始調理。該公司認為，這雖然像是大企業的策略，但大企業來做也許沒辦法生存；反過來想，這樣的事也許只有中小企業才能做，因此才產生這個構想。拜此構想之賜，才能打造出大戶屋的品牌：「做出平時日本人在家裡吃的味道」，而這是其他定食連鎖餐廳所沒有的。

定食餐廳給人「分量多」的印象，令女性顧客敬而遠之，但大戶屋的女性顧客占四〇％以上。這是因為當時的社長偶然發現女性顧客也喜歡吃烤魚，就以「讓女性沒有負擔」的構想，用漂亮的室內裝飾、健康的菜單等成功打造品牌。

此外，即使花時間，餐點也要從食材開始從頭烹調。所有食材都在每天早上由店內專職採購購買，炸豬排用的豬肉就是買整塊肉在店內切片，炸之前才裹衣。蘿蔔泥不預先磨好，而是要上菜前才磨一人份的分量。柴魚則用日本料理店使用的上等貨，號稱製作時間花費半年，用特別訂製的柴魚刨片機刨成薄片，因為「這樣做比較好吃」。

花這麼多時間，定食價格卻只有八百至一千圓（約新臺幣兩百一十五至二百六十八元）。為什麼花這麼多時間還能提供這種價格，而且全國分店都能做出相同味道？

大戶屋跟其他連鎖餐廳一樣，店員大部分是兼職。該公司設計兼職人員也能做的菜單，還把烹調方法製作成DVD，讓任何人都能學會，連各食材放在盤子的哪個位置、擺放的方式都標準化。用陶瓷電熱器加熱，使用發出像炭火般的遠紅外線的烤肉器具，連兼職人員也能輕鬆做好燒烤料理。

大戶屋的菜單中沒有需要熟練技術的菜色，只把重點放在設法讓菜好吃。基本的烹調方法只有燒烤（烤魚等）、油炸（炸雞、炸豬排、可樂餅）及熱水煮（麵類等）。

除了柴魚片等調味品外，該公司設法在不用高價食材的情況下，提高食物美味程度，特別致力於「縮短烹調後到上菜的時間」。蘿蔔磨成泥之後，幾分鐘內就會變辣，剛磨好時加醬油會很好吃，所以特意每份分別磨。柴魚片也是現削的上等貨，風味特殊。也就是說，該公司只在食物的美味上花功夫，所以縮短從烹調到上菜的時間。

重要的是，經常研究除了高級食材以外，還有哪些因素影響到食物的美味。如果每盤菜多花十幾秒，成本不過多十圓（約新臺幣二．七元），但若因此能滿足顧客的嘴，就是附加價值。

此外，該公司讓兼職員工盡量發揮能力，做到最複雜的程度。找到「讓任何人都能煮得好吃的方法」（反過來說，就是只選擇任何人都可以煮得好吃的菜色），仔細區分烹調步驟，讓美味食物可以輕鬆再出現。

下頁的**圖表39**是大戶屋的因果關係地圖。從這張圖或前文可看出大戶屋的策略有以下重點：

- 烹調方法只限「烤、炸、熱水煮」三種（使食物更美味）

圖表39 大戶屋成功主因的因果關係地圖

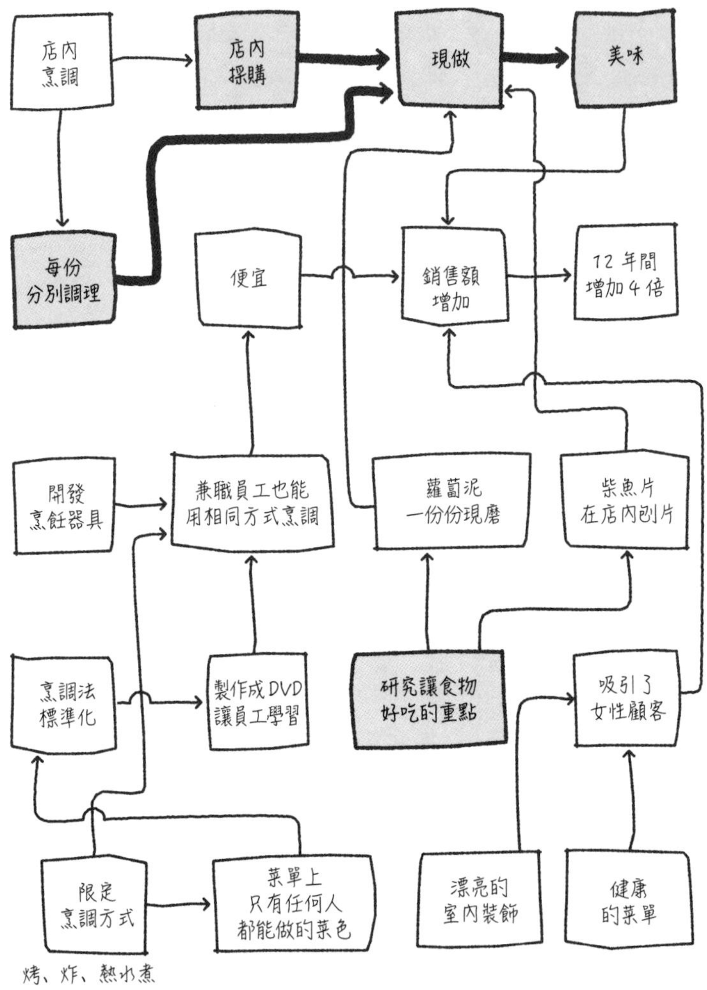

- 料理一份一份現做（使食物更美味）
- 找出任何人都能煮得好吃的方法，制定詳細步驟（使食物更美味）
- 為了能煮得好吃，可以多花一點時間（使食物更美味）
- 沒有中央廚房，食材由店內採購（使食物更美味）
- 漂亮的室內裝飾、健康的菜單（增加女性顧客）
- 充分運用兼職員工的潛力，讓他們進行相當複雜的作業（能力的充分運用）

餐廳賺錢機制分析③　四十八漁場

問題

在眾多以便宜、菜色多樣為賣點的連鎖居酒屋之中，四十八漁場的賣點是以魚貝類料理為主，魚類新鮮度高、種類多，價位便宜。除了和漁夫合作之外，該店為何能低價提供新鮮的魚呢？

答　和漁場合作，派員工駐留在漁場，買進所有捕獲的魚，教導漁夫長時間保持魚類新鮮度的特殊方法——活締法[1]，漁夫在船上就會幫忙把魚處理好，店裡則使用處理過的魚。

說明 派員工常駐幾個漁港，大量購買捕獲的魚類。因為魚類經活締法處理過，可開出較高價位，該公司用高價買下，漁夫就能有穩定的收入。剛捕獲的魚直接送達各店鋪，就能以低價提供新鮮的魚。這樣的方式讓漁夫與店方皆獲利，建立雙贏關係（**圖表40**）。

接下來請看四十八漁場的實例。

圖表40 便宜買進新鮮魚類的方法

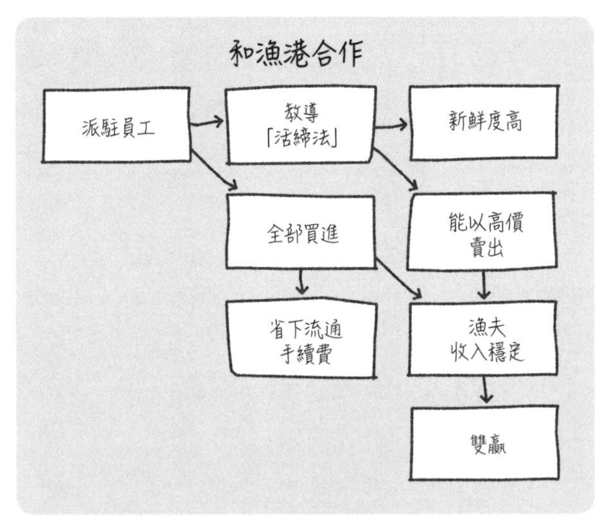

四十八漁場的成功祕密

四十八漁場是AP Company（經營吸引眾多外食族的連鎖餐廳的公司）旗下的海鮮連鎖居酒屋，該公司會派員到合作的漁港，傳授漁協（漁業協同組合，即漁會）「活締法」，經此法處理過的魚，其購買契約的條件比一般更穩定、價格更昂貴。該公司就是用這種方法買到新鮮度高的魚。職員駐在合作的漁港，搭乘漁船，選購可供進貨的魚。

「活締法」是一種特殊方法，會用一根細鋼絲從魚的頭部貫穿脊椎，去除魚的神經，使魚死後肌肉不會運作，能在不傷及魚身的情況下，保持新鮮狀態二十四小時以上，但需要厲害的技術。漁夫們努力學會這種高難度的去除神經技術，提高附加價值。在漁港，捕獲的魚不經由市場，直接配送到店，省下流通手續費。魚的採購人員會把魚的詳細資料傳給店員。

1 譯註：步驟為破壞魚腦，讓魚來不及將痛楚、死亡訊息傳遍魚身↓放血，減少細菌滋長↓用一條名為「神經棒」的不鏽鋼線貫穿脊髓上的神經，防止魚因肌肉反射亂跳而肌肉緊繃，魚肉自然保持嫩滑。（http://www.appledaily.com.tw/realtimenews/article/new/20160802/919819/）

該公司商業模式的特徵是，藉由「漁夫、漁協」與「魚的採購人員」、「店員」的緊密結合，產生高附加價值。這個機制對漁夫而言，是魚可以高價賣出，客源穩定。對AP Company而言，是可買進魚市場無法取得的新鮮魚類，締造雙贏關係。

此外，採購人員也可以買到平常未在市場流通的魚。採購人員會將買來的魚的詳細資料傳給店家，就算店員對魚不熟悉，也能向顧客介紹魚的詳細特徵。顧客則能夠吃到名不見經傳、幾乎未流通的珍稀魚類，可以看到店內有許多魚裝在桶裡，也能吃到用好方法烹調的好魚。這些都是高級餐廳的服務，卻在連鎖居酒屋實現。

店內雖只提供該公司直接買進的魚類，但因新鮮、便宜，又能獲得魚的相關資料，頗受好評。此外，從漁港直接送來的魚已去除神經，十分新鮮，能提供顧客一般居酒屋吃不到的口感。比起派員常駐漁港的成本，不經由市場進貨所省下的成本更多，還能提供比其他店更新鮮的魚。

圖表41就是這些要素的因果關係地圖。

這張圖中可看出四十八漁場獨特策略，重點如下：

圖表41 四十八漁場成功主因的因果關係地圖

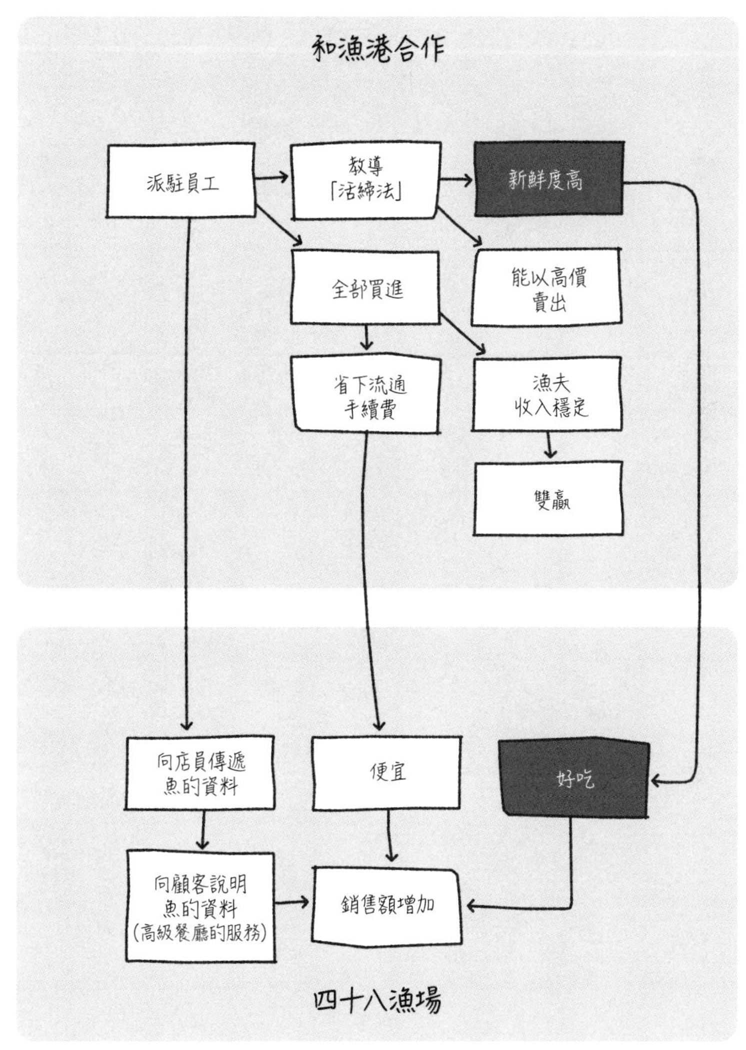

- 在漁港派駐員工，魚在漁船上購買，不經由市場購買（降低成本）
- 漁夫幫忙用活締法處理魚，處理的時間愈多，價錢愈高（提高新鮮度）
- 店員向顧客說明幾乎不在市場上流通的魚類資料，因不為人知而不受歡迎的魚，對顧客來說變成高價值的東西（名不見經傳的魚轉而打開銷路）

餐廳賺錢機制分析④　丸龜製麵

問題

最近，丸龜製麵等讚岐烏龍麵連鎖店很受歡迎，讚岐烏龍麵富有嚼勁的口感是它吸引人的原因之一。不過，讚岐烏龍麵要花十幾分鐘才能煮好，如果點餐後才開始煮，就必須讓客人等待，但如果事先煮，烏龍麵會失去嚼勁；也就是說，「美味程度」與「縮短等待時間」難以兩全。那麼，讚岐烏龍麵連鎖店如何解決這個問題呢？

答　烏龍麵煮好後，馬上沖冷水冰鎮備用。

說明　烏龍麵煮後冰鎮的話，煮好後的二十分鐘以內，都能保有嚼勁。客人進店後先在櫃臺點烏龍麵，點餐後自取配料，然後付款。付款後也差不多可以上菜了，速度比速食店還快。如果沒有煮後冰鎮法，這種商業模式就無法成立。

接下來請看關於丸龜製麵的文章，試著畫出因果關係地圖。

為什麼丸龜製麵能成功？

丸龜製麵是讚岐烏龍麵的專門連鎖餐廳，全國分店超過八百間。該店的特色是菜單上只有讚岐烏龍麵，以及實現了速食餐廳的三大價值——「快速、好吃、便宜」。

和一般速食店相反，該店不用中央廚房，而在各分店內進行手工製作與烹調。烏龍麵從麵粉開始就在店內揉製、發酵，用店內設置的機器壓製麵條，但先不切開。高湯、天婦羅類、飯團也都是在店內從原料開始製作，所以廚房內的員工很多。

丸龜製麵的顧客要先在櫃臺前排隊，在菜單中選擇烏龍麵的調理方式。調理方式只有「冷、溫、拌醬汁」這三種，點餐時店員就會把烏龍麵裝進碗裡，交給顧客。客人進入櫃臺，自行選擇喜歡的配料，最後在收銀台付款。這樣的方式讓顧客不需多花時間等待，店方也省了人事費用。

廚房內部設置製麵機，當麵量變少時，工作人員就切烏龍麵，馬上放進鍋裡煮。因為烏龍麵如果事先切好保存，會變乾、變粗糙，而切後立刻煮的口感比較好。該公司的賣點是「現打」、「現煮」、「有嚼勁」，這樣的做法對讚岐烏龍麵的嚼勁有相當大的影響。

剛煮好的麵立刻沖冷水備用，保持口感。接受點餐後，把麵稍微浸一下熱水，放入容器，加入醬汁或高湯，很快就能完成口感極佳的麵。高湯、配料都是在店內剛調理好的，十分美味。因此，客人對料理的滿意度很高。

價格便宜，大約在三百至五百圓（約新臺幣八十至一百三十五元）之間，烏龍麵的原料——小麥粉也很便宜，不會影響成本。因為很好吃，綜合滿意度高，顧客數增加不少。因為不會讓客人坐在位子上等待，顧客翻桌率高，即使有眾多顧客上門，店家也還能應付。因此，店銷售額增加，可大量購買食材，降低成本。

丸龜製麵敢違反效率原則，堅持「店內手工製作」，花費較高成本，但平均客單價偏低，約五百圓（約新臺幣一百三十五元）左右，這樣仍能賺錢，是因為顧客很多。該店的戰略是「薄利多銷」，讓顧客被味道與服務打動，願意一再光顧。也就是說，把手工的成本當做「集客所需的行銷成本」，是該店的獨特之處。

下頁的**圖表42**即這篇文章的因果關係地圖。圖中可看出丸龜製麵的獨特策略，重點如下：

- 麵在店內製作，完成後馬上煮（提高麵的口感）
- 煮好的麵用冷水沖洗，防止烏龍麵失去彈性，維持剛煮好的口感（提高麵的口感、縮短顧客等待時間）
- 沒有中央廚房，配菜、高湯都在店內調理（提高美味程度）
- 採自助式服務，顧客領取烏龍麵後自行選擇配菜（縮短顧客等待的時間、提高翻桌率）
- 平均客單價約五百圓（約新臺幣一百三十五元）（增加顧客）

圖表42 丸龜製麵成功主因的因果關係地圖

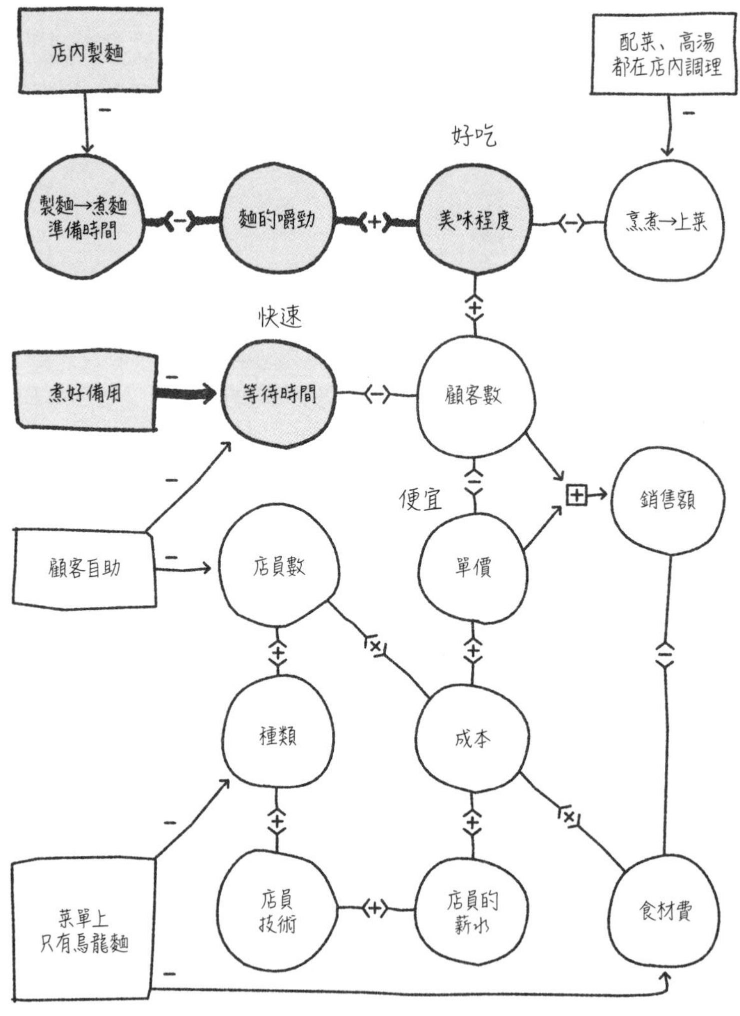

分析餐廳之後，以下開始看看其他業界的實例。

服務業賺錢機制分析① 便利商店

問題

便利商店的賣點就是便利，因為「附近就有、什麼都有」。所以業者廣設店鋪，並分散開店地點，以提高集客力。因為店鋪愈多，與消費者的距離就愈短，銷售額也愈高。

不過，便利商店也販賣便當類，便當有設定的賞味期限，所以必須每天配送好幾次。

店鋪一多，加上每天要到各店配送好幾次，物流成本就會太高，商品價格也會超過超市。也就是說，便利商店的商業模式中有「分散設店」與「物流成本增加」的兩難。便利商店業界如何解決這個問題呢？

答 連鎖便利商店設置自己獨立的物流中心，在周邊密集開設分店（稱為優勢策略，dominant strategy）。

說明 優勢策略的「優勢」（dominant），意思是「支配的」、「絕對強勢的」。連鎖便利商店設置物流中心，在周邊密集設店，在全國擴大店鋪網絡，貨車就可以一次次來回把貨物送到物流中心周邊的店鋪，降低物流成本（**圖表43**）。

基本原則是，店鋪不開在離物流中心太遠的地方，因為不划算。就算是業界最大的7-ELEVEN，全國也有許多地區未設分店。跟其他業態相比，便利商店的配送頻率較高，所以分店地點更受「物流」的限制。

接著，請閱讀以下有關便利商店的文章，畫出因果關係地圖。

圖表43 優勢策略

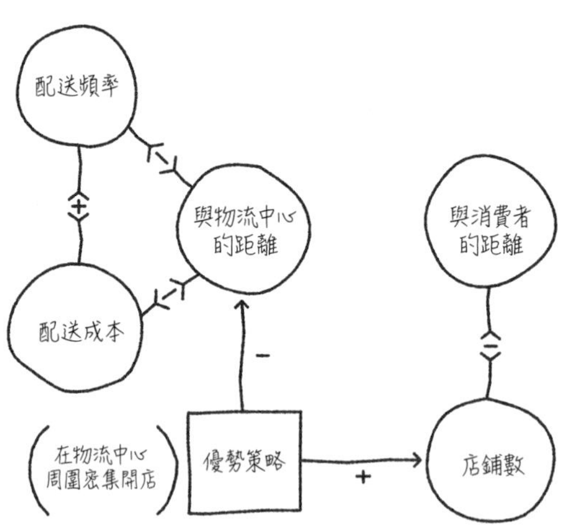

便利商店的商業模式

便利商店的價值，一言以蔽之就是方便性，就像7-ELEVEN文宣所形容的「有7-ELEVEN真好」（譯注：翻譯來自美國區的標語「Oh！Thanks Heaven！7-Eleven」）。只是買個東西，不需特地到超市或專賣店就能買到，這樣的需求一直都存在。從前就有「雜貨店」，便利商店則是把雜貨店系統化，建立能獲取極大利益的商業模式。便利商店內大大小小的商品都有，如果開設許多小規模的店，對住在徒步幾分鐘範圍內的居民而言，就是非常方便的商店。

便利商店商業模式的基礎中，存在「物流的兩難」。如果開設眾多小規模分店，因店內庫存空間有限，大部分店鋪每次只能容納少數商品。賞味期限在一天內的生鮮食品，一天必須配送好幾次。如果由大型中央物流中心配送，運輸成本會太高。但若分散設置物流中心，分別配送的店數太少，運輸成本還是太高。

便利商店解決這個兩難的方法稱為「優勢策略」，即「分散設置物流中心，在物流中心附近密集設分店」。擴充新市場時，在該地設置少數物流中心，只在周邊設分店。也就是說，設店地點並非平均分布，而是在距物流中心半徑十幾公里內密集開設幾十間分店。

因為商品種類多，必須從許多廠商、批發商處進貨，但因地區的物流中心混載多種商品，高頻率運送到每個店鋪，需要幾次就運幾次，所以，每個店鋪一天通常要運送好幾次。這麼做的話，各店的倉庫空間可以被壓縮到最小，即使店鋪面積狹小，也能讓賣場占到最多空間。

另一個特徵是，本部代為處理所有事務工作，店鋪可致力於「販賣商品」。不過要達成這麼高頻率的配送，有必要將「賣出的商品與價格」的資料即時傳送到本部，為此建立了線上銷售管理、存貨管理的系統。

此外，「單品管理」也很徹底。各分店每天都核算所有品項的銷售額、盤點庫存，分析是否有因缺貨而造成機會損失（opportunity loss）。之前的零售業雖有「補充已賣出的品項」的想法，但並沒有「為了將機會損失最小化，反覆對銷售額變化進行假設驗證（hypothesis verification）」的概念。

零售業界第一個導入這個想法的是7-ELEVEN。各店店長分析銷售與庫存資料，加上自己在店面的觀察來建立假設，並加以驗證。例如，假設「上週星期六上午A便當賣出很多，是因為附近中小學舉行運動會」，然後，在下次學校舉行活動時增加進貨量，以驗證假設。

店鋪事務處理全部由本部代為進行，各店鋪就更有時間思考「哪些商品暢銷」的問題。而且可以由店鋪判斷來訂貨，每家店能彈性調整進貨品項。也就是說，便利商店進貨並非由總店規定進貨商品[2]，而是由店鋪方面從備貨品項來判斷要進哪些貨[3]。

便利商店的商品不是只有物品，還有服務。店面設置終端裝置，販賣電影、演唱會門票，還有影印等各式各樣的服務。最近還接受電話或網路訂購，開始宅配服務，由店員把便當、物品直接送達消費者手上。有用餐區的便利商店，也漸漸對速食店造成威脅。

現在的便利商店與其說是賣特定物品，不如說漸漸變成「創新的空間」——先確保是離消費者最近的「場所」，然後反覆驗證假設，提供新的商品與服務。

2 譯註：稱為推式供應鏈，Push-based Supply Chain，企業生產模式以預測為主，藉由過去蒐集的購買資訊來預測消費者未來可能的需求量。

3 譯註：稱為拉式供應鏈，pull-based Supply Chain，以顧客的實際需求做為生產的依據，並非只利用預測來進行生產。（http://lindr.org/EC/ec10_2.html）

圖表44 便利商店的因果關係地圖

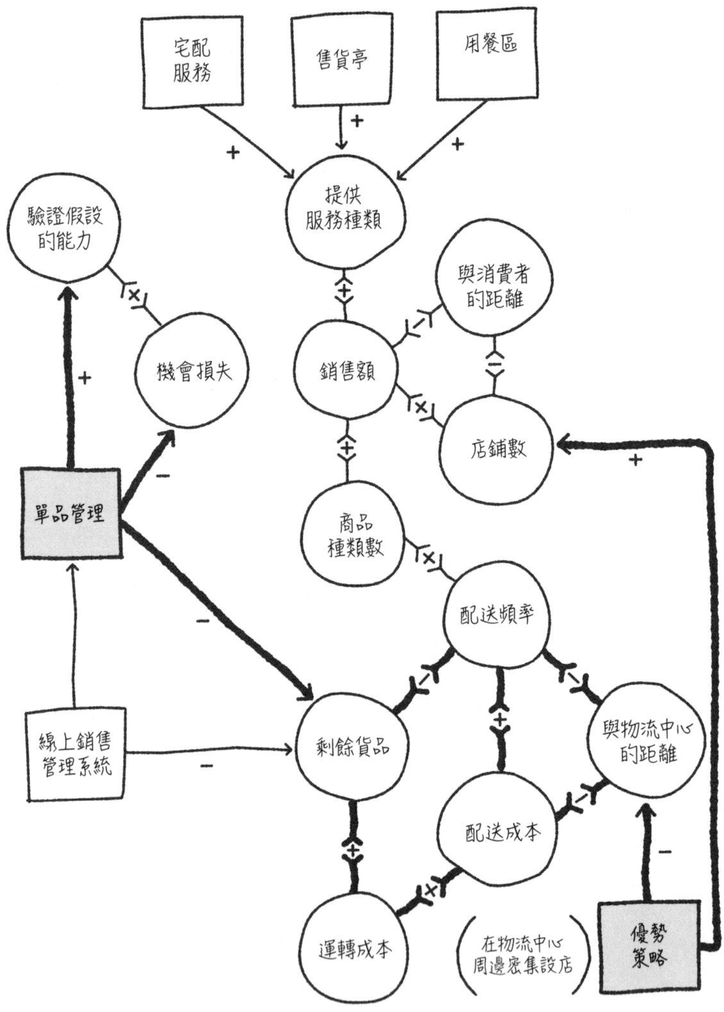

圖表44是便利商店的因果關係地圖。從這張圖可看出便利商店的獨特策略如下：

- 採取「優勢策略」，在物流中心周邊密集設分店（設店策略）
- 本部代為處理所有事務工作，店鋪可致力於「販賣商品」（角色分工明確）
- 確實的「單品管理」。店員每天盤點每種商品賣出與庫存的數量，避免庫存過剩，並進行假設的驗證，以減少因缺貨而造成機會損失（由店鋪判斷備貨品項）。
- 不只販賣商品，也變成銀行、宅配、餐廳等服務業的代理（提供各種「空間」）

服務業賺錢機制分析② QB HOUSE

問題

QB HOUSE是平價連鎖理髮店的先鋒，口號是「十分鐘令人煥然一新」。他們有一種方法可以縮短剪髮時間，對顧客來店頻率也有提升的效果。是什麼方法呢？

答 頭髮不要剪過頭。

說明 採取「不剪過頭」的策略，就可以在十分鐘內剪完頭髮，又能剪得自然。因為價格便宜，顧客也會覺得頭髮長了再來剪就好。

QB HOUSE成功的祕密

戰後，依照保護既得權（vested rights）的法律，理髮店和美容院被嚴格區分。因理髮店工會的價格協定等因素，理髮店採取高品質服務、高價格的商業模式。但九〇年代開始出現低價理髮店，QB Net在一九九六年開設第一間QB HOUSE，理髮價格是一千零八十圓（約新臺幣兩百九十元），之後快速擴展，號稱以平價理髮店獲得壓倒性的市占率。

QB HOUSE有以下特徵：設備和一般理髮店、美容院不同；剪髮大約花十分鐘，有時雖然會超過時間，但不需另外付費；只剪髮，不包括刮鬍子、洗髮、造型；雖不洗頭，但剪後會用「空氣清洗機」（airwasher）吸除頭上殘留的頭髮。

從店外可看到彩色顯示燈，讓客人能馬上知道還要等多久。燈的顏色如果是綠色，表示「快輪到了」，如果是黃色，表示「還要等五至十分鐘」，如果是紅色，表示「還要等十五分鐘以上」，這也可以從官方網站或手機APP確認。手機APP不只可用來確認等待狀況，還能指定自己喜歡的髮型，也可以看到來店時的理髮師。

店內工作人員的動線皆標準化，並依據工作人員動線來設計標準規格的收納櫃，以節省空間。因為不用熱水，不需要用水設備，每個使用者平均需要的空間很小；除了可利用車站周邊或商業大樓的空置空間設店，也可以省租金。因為位於車站附近等市中心人潮較多的方便地點，且十分鐘左右就可以剪完，就能吸收只利用空檔理髮的顧客。

QB HOUSE商業模式的特徵如下：首先，十分鐘左右就能剪完一個人的頭髮，所以顧客翻桌率比一般理髮店高。經費大部分用在人事費與店租，十分鐘維持一千零八十圓是連鎖店開展時不虧本的必要條件。主張「不剪過頭，維持目前髮型的自然狀態」，不只讓顧客得到最低限度的滿足，也增加來店次數，提高了每個顧客的平均銷售額。

這些都可用簡易的設備與系統達成，所以即使不是相同領域的人也很容易加入，是容易「大宗商品化」（commoditization，企業所提供的這類商品或服務係到處皆可取得，且可與另一家公司所提供的商品或服務互相替代）

的商業模式。為了保持業界最高的地位，QB HOUSE致力於培育人才。新員工到店之前會先實習，派到店鋪後，本部仍會繼續指導，使他能確實在十分鐘內剪完頭髮。到店後指導的重點主要放在聆聽顧客需求的技巧，而非理髮技術。此外，因QB HOUSE的顧客翻桌率高，從業員能在短時間內累積許多理髮經驗，技術進步很快，對年輕從業員來說很有吸引力。

此外，在東京郊區，該公司有沿相同鐵路路線密集設店的傾向。因為如果位於同一條線周邊，就可彈性安排員工的工作地點，新開店時也方便派出既有店的員工。

QB HOUSE的因果關係地圖如下頁**圖表45**。圖中可看出QB HOUSE的特殊策略，包含以下幾項：

- 取消一般理髮店都有的服務，如洗頭、刮鬍子等，以降低價格
- 沒有洗頭、刮鬍子的服務，就不需要用水設備，店面便可縮小
- 用自動販賣機收費，理髮師可專心做原本的工作
- 不剪過頭，提升顧客來店頻率

圖表45 QB HOUSE 的因果關係地圖

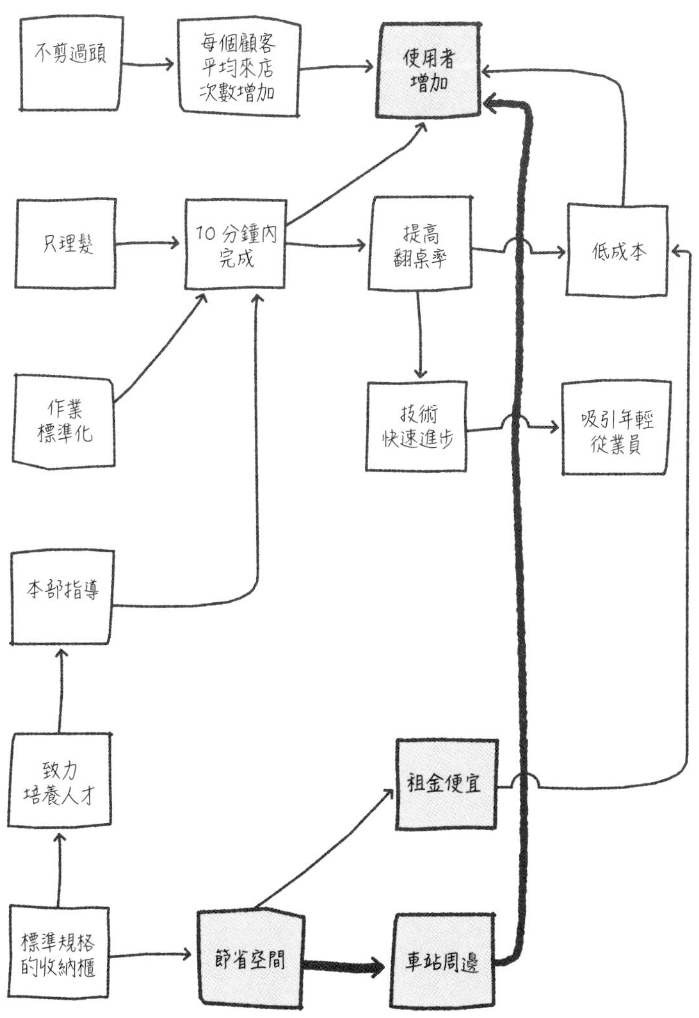

- 車站周邊地帶的平均單位面積租金較高，但因人潮多，仍在這類地點開店
- 沿同一鐵路路線密集設店，可彈性安排員工工作地點
- 顧客翻桌率高，年輕理髮師能很快提升技巧，這點相當吸引優秀人才
- 盯看每個理髮師的理髮時間，十分鐘內未完成的員工由本部指導

服務業賺錢機制分析③　SUPER HOTEL

問題

SUPER HOTEL是以「低價位提供高品質服務」為賣點而成功的商務旅館。它沒有其他大部分旅館都有的某種設備。請問是哪種設備呢？

答　電話

說明　現在的客人幾乎都有手機，就不在房間設置電話。客人睡覺後，客房室內變暗，空間不需要太大。大廳、餐廳空間也很小，沒有花太多錢在內部裝飾上。該店的想法是「如果沒有某種服務，一百人中只有一人會感到困擾，那就取

消它」。

接者請閱讀以下SUPER HOTEL的文章，繪製因果關係地圖。

SUPER HOTEL為何能成功？

SUPER HOTEL約二十年前加入旅館業，現在分店已超過一百一十間。客房住用率（hotel occupancy rate，實際上有住客的房間數／所有房間數）約九〇％，顧客回頭率約七〇％，與其他平價商務旅館比起來，算是相當成功。這是因為該店有顛覆旅館業界常識且果斷的經營戰略。

SUPER HOTEL的住宿費約五千圓（約新臺幣一千三百元），在商業旅館中算便宜的。辦住宿手續時，服務台只有一個接待人員。旅館也設置了自動登記機器，可以用機器辦理入住手續。

如果之前住過這裡，就不需要再填寫地址、電話。因為是先付款，登記後會給顧客收據，上面寫了房間密碼。客房鑰匙都是號碼鎖，每登記一次就會重新分配一組密碼數字。

客房與一般商務旅館一樣，空間不大，有浴室和廁所，但也另外設置了大浴池，大浴池大部分是溫泉水，這是因為該店在某個設施中設置大浴池後，大受好評，因此全國跟著設置。

有附早餐，菜色簡單、種類少，味道還可以。因為辦住房手續時已經付費了，所以早上不需辦退房就可直接離開。

SUPER HOTEL堅持的關鍵字是「高滿意度的合理性（rationality）」。該店持續質疑業界常識，很清楚要給予顧客什麼樣的價值，其他無關緊要的事都可以斷然捨棄。

該店的中心思想就是「讓客人睡得好」，認為對顧客而言，熟睡是最大的價值。因此，花錢在牆壁外側做隔音設備，用高級床墊，大廳備有七種枕頭可供選擇。導入「睡不著就退費」的住宿品質保證制度，用退費金額將顧客滿意度（customer satisfaction, CS）量化，逐一排除妨礙睡眠的要素。

該公司持續大量投資於建立IT化環境。在加入旅館業前，該公司經營週租公寓（Weekly Mansion），當時就開始建構IT系統，之後便以此為基礎來開發旅館用系統。經營管理也IT化，做到不用現金、不用紙。用客戶管理系統（Customer relationship management, CRM）來管理顧客資料，顧客滿意度的問卷調查則由本部統一管理。總公司的客服中心也接受來自各分店的投訴，負責顧客滿意度的人會直接和客訴的客人會面，聽他的意見。

該店長期住客的毛巾、床單可以不用每天換。SUPER HOTEL的「Lohas」系列同時實現了削減經費與環境保護，可說是一石二鳥。一般旅館客房會放牙刷與睡衣，SUPER HOTEL沒有，而是住客需要的時候向服務台索取[4]。

圖表46是SUPER HOTEL的因果關係地圖，一七五頁的**圖表47**則是它的變數型因果關係地圖。

變數型因果關係地圖中最核心的變數就是「顧客滿意度」。從圖中可看出，提高顧客滿意度的措施中，無論哪一種，都與提高成本有關。

4 譯注：SUPER HOTEL於二〇〇一年開始致力環保活動，二〇〇九年在奈良開設第一間追求環保的「二十一世紀型Lohas旅館」。旅館設施、經營方面都考慮到環境，環保企劃也讓住客加入，如連住多天時不打掃，住客若自備牙刷、環保筷，店方會致贈礦泉水、點心等。「Lohas」是Lifestyles Of Health And Sustainability的縮寫，指健康、永續的生活形態，SUPER HOTEL在「Lohas」方面的努力，除了環保活動之外，還包括「早餐」、「舒適的睡眠」、「喝好喝的水」、「以天然溫泉療癒身心」等服務。（http://www.csr-communicate.com/modelcase/20161021/csr-30763）

圖表46 SUPER HOTEL的因果關係地圖

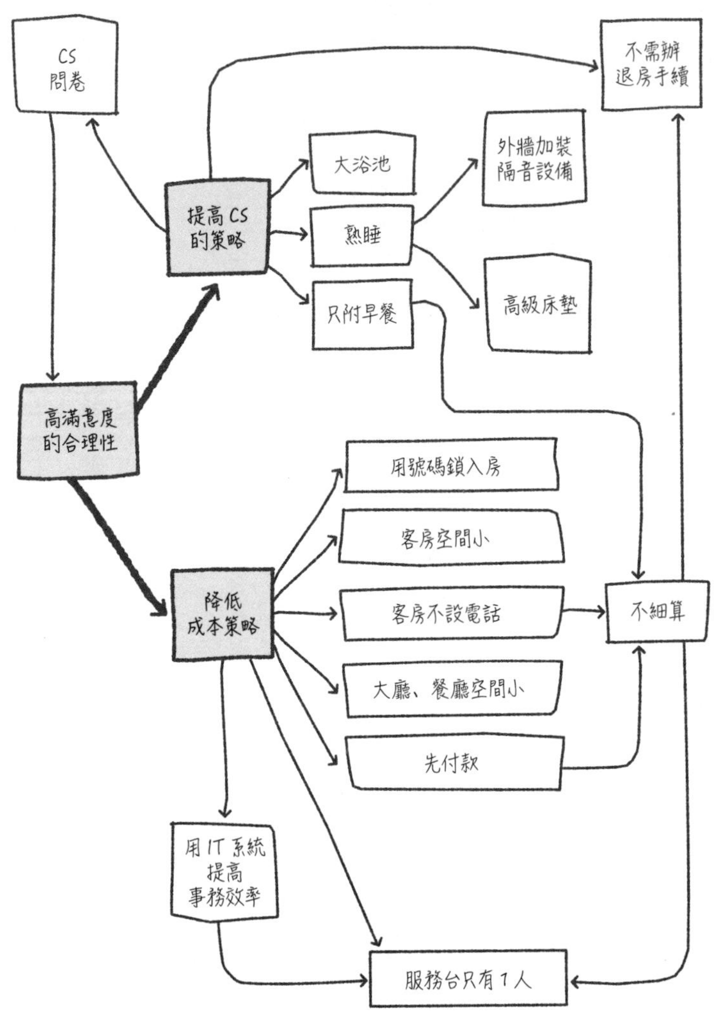

圖表47 SUPER HOTEL的變數型因果關係地圖

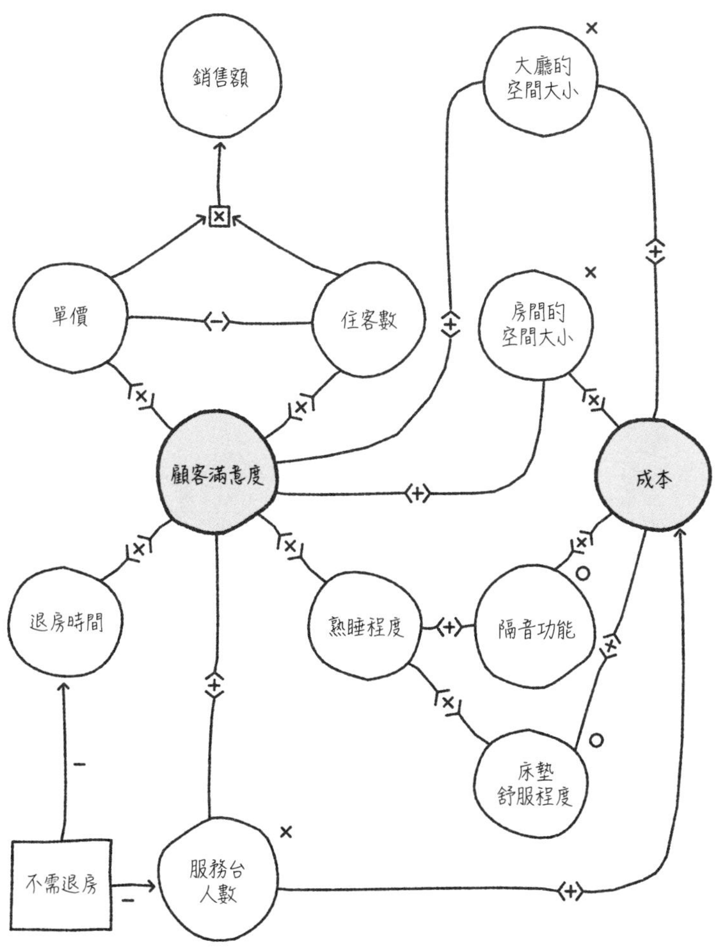

一般旅館會為了保持這些要素間的平衡而經常調整變數的高低，SUPER HOTEL則以會影響顧客滿意度的某些項目為優先，犧牲其他項目。圖中加註○的要素表示即使花錢也要改善，加註×的要素則會被犧牲。

SUPER HOTEL的果斷，是因為對商務旅館的住客來說，客房只是「睡覺的房間」。所以，房間空間雖然狹小，但為了讓客人睡得舒服，加強了牆壁的隔音功能，還設置高級床墊讓客人能舒適地睡覺。並減少大廳面積與服務台人數，以降低成本。

圖表46是表示原因與結果，**圖表47**是表示變數間的相關性。同樣表示SUPER HOTEL的因果關係，兩張圖表現方法卻完全不同。前者可看到具體措施，後者則一看就知道「在顧客滿意度與成本的消長之間，如何分辨個別變數的重要性」。

兩種圖並沒有哪種比較正確，應根據想要探討的內容，分別選擇適用的種類。

原因・結果型地圖與變數型地圖應依據目的分別使用。

思考祕訣⑤ 出國旅行是「發掘新點子」的絕佳機會

我經常到國外出差或旅行，在接受當地的各種服務時，發現「日本沒有的設計」，也是一種樂趣。

例如，很久以前美國就有飯店的「快速退房」服務，跟SUPER HOTEL的不需退房系統有點像。但「快速退房」服務是客人在辦住房手續時，在服務台出示信用卡，退房當天早上，飯店人員會從客房房門下方放進帳單明細與收據。住客在早上離開旅館前確認帳單，沒問題的話，就不需辦退房手續，直接離開即可。

租車公司的「特快會員」制度也很有趣。要租車時，雖然必須在租車公司預先登錄，但登錄過一次的人就可不需經過櫃臺，直接到取車處。租車公司辦公室外面設有特快會員專用的顯示板，顯示預約的特快會員名字與車的位置。特快會員看到就可直接到取車處，車中也準備了填寫好的契約文件與車鑰匙，之後就可以把車開走。

但光是這樣，沒預約的人也能任意把車開走。為防止這種情況，停車場出口設有柵欄，管理人員會在那裡核對駕駛人的駕照、文件與車號，確認是否為本人。

我去瑞典出差時，搭乘市內巴士，發現上下車時沒有人會去確認乘客是否付費，而是由乘客在下車處的讀卡機自行插入ＩＣ卡。很不湊巧地，我沒帶ＩＣ卡，所以在下車時向司機說要付現，但他說：「不付也沒關係喔！」

德國、瑞典的公共交通機構大部分都採性善說，相信乘客會買符合票價的票。有時突然驗票，沒票的人好像必須繳大筆罰金。

以上例子都屬於「系統設計」的範疇。飯店的快速退房與租車的特快會員，因為等待時間較短，對經常出差的商務人士很有吸引力。最近，日本完成了出國審查自動化系統，這雖然也需要事前登記，但在擁擠時能節省很多時間。

無論在哪裡，生意良好的店都能藉由「改善系統設計」來提高服務品質。

第5章

向不相干領域借點子

——把「本質」應用在其他領域

類比思考① 找出深層結構的共同點

直到上一章為止，我用因果關係地圖分析各種企業的商業模式，找出其獨特策略，這樣的討論要暫時告一段落。接下來要說明的是如何借用這些策略，有效利用在自己的企劃。這必須用到「找出深層結構的類似處」的類比思考一，與「向不相干領域借點子」的類比思考二。

繪製商業模式的因果關係地圖，找出各企業的獨特策略後，接著就要找出它們之間的「共同點」。所以接下來，我們要找出以上幾個實例間的共同點，說明其背後的因果關係。

基本上是照這樣的順序進行：①找出共同特徵或獨特特徵，②將特徵抽象化。

首先，要找出餐廳實例中的共同策略。

所有實例都有一個共同點，就是「限定烹調方法或菜單品項」。丸龜製麵是烏龍麵，鳥貴族是烤雞肉串。多數連鎖餐廳是限定菜單品項，而大戶屋主要是將烹調方法限定為三種（烤、炸、熱水煮），菜色方面沒有那麼嚴格的限定。

這麼做是為了兼顧美味與低價。菜單品項增加，烹調效率就會下降，食材庫存也會增加，食物就會變得不好吃，價格也會提高。

這些實例的另一個共同點是「沒有中央廚房，在各分店內烹調」。大戶屋、鳥貴族不只是烹調，連切菜等前置作業也在店內實施。連鎖餐廳的普遍做法是在中央廚房進行前置作業，節省各店鋪要花的時間，以全面降低成本，不過，目前實例中的餐廳都敢不用中央廚房。

理由是，前置作業與烹調完成後，距離上菜的時間愈短，食物就愈好吃（正確來說，縮短烹調後到上菜的時間，如果使用的是高級食材，好吃是必然的；但實例中的餐廳使用的是便宜食材，所以在設計菜單時，要選擇即使用便宜食材製作，也能因現做就變得好吃的菜色）。

鳥貴族與四十八漁場的共同點是「設法提高食材新鮮度」。四十八漁場使用活締法去除魚的神經，從漁港直接把魚送到店鋪，藉此提高魚的新鮮度；鳥貴族則使用冷藏國產肌肉，不用冷凍雞肉。

鳥貴族與大戶屋都開發專用烹飪器具。鳥貴族開發連兼職人員都能將雞肉串平均加熱的烤肉架，大戶屋則開發可烹調一人份料理的烹飪器具（只限烤、炸、熱水煮），以及可削一人份柴魚片的刨片機。

總之，這些賺錢的餐廳所採取的措施，具體來說有以下幾點：

- 限定菜單品項
- 限定烹調方法
- 沒有中央廚房，在店內調理
- 採購也由各店進行
- 開發專用烹飪器具

可供參考的不只是實例中的共通策略，還有以下這些獨特策略：

- 一份一份分別烹調（大戶屋）
- 採用自助式服務（丸龜製麵）
- 店鋪設置在一樓之外的樓層（鳥貴族）
- 捕獲的魚所有種類全部買進，不經由市場購買（四十八漁場）

・麵煮好備用，能快速提供客人有嚼勁的麵（丸龜製麵）

接下來，將這些策略的一部分抽象化。

從歸納出的策略中，可推導出以下的餐飲業界法則，這些法則有某種程度的普遍性（可適用多數狀況）。

・不用高價食材，而把重點放在可藉由烹飪方法提升美味的菜色
・探究食物美味的因素，研究因果關係，設法找出以低成本提供美味料理的方法
・食材大批進貨，就能以便宜價格購買
・菜色有限，但美味程度遠超過其他店
・提高顧客翻桌率，即使低價仍能賺錢
・取得「知名度低所以價格低廉，但相當好吃的食材」
・直接向生產者購買，便宜取得食材

下頁歸納出其中較普遍（即多數實例皆採用的）的策略，畫出因果關係地圖（**圖表48**）。

圖表48 店鋪生意興隆策略的因果關係地圖

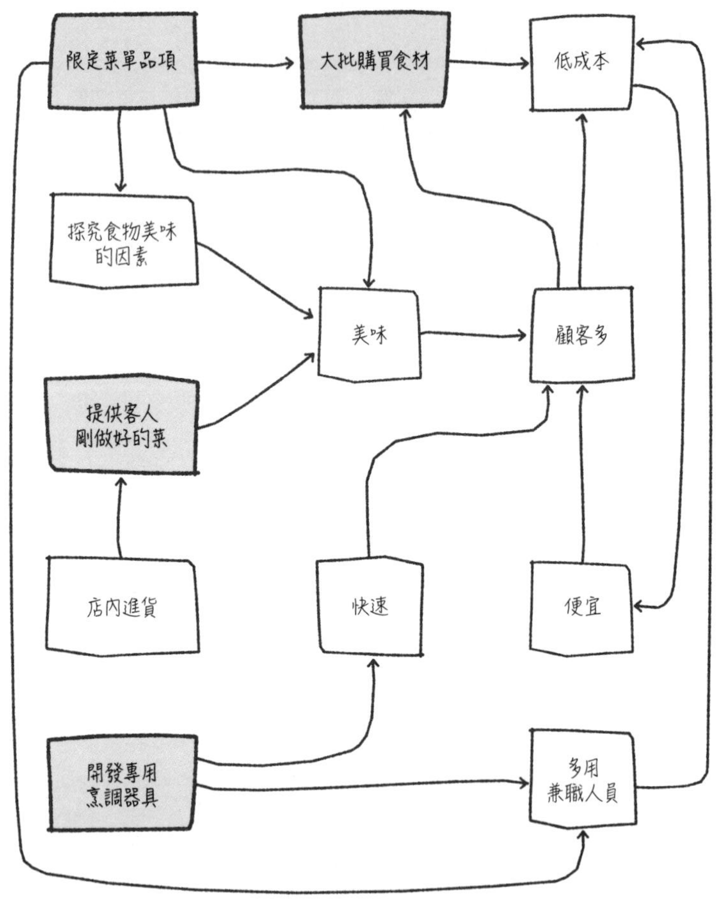

餐廳以外的服務業實例中，也能找出以下共通策略。

- 概念明確，能分辨哪些服務比較重要
- 縮短顧客等待時間，以節省忙碌顧客的時間來提供價值
- 部分業務採自助式服務，同時達成縮短等待時間與降低成本

同樣地，服務業的實例中也能找到以下獨特策略：

- 分清楚哪些設施、設備該花錢，哪些不該花錢（SUPER HOTEL）
- 車站周邊租金雖貴但地點方便，所以在車站周邊密集設店（QB HOUSE）
- 在物流中心周邊密集設店（便利商店）
- 彈性調整每間店鋪的備貨品項（便利商店）
- 開發專用設備（QB HOUSE）
- 專業（理髮）技巧能快速提升，吸引人才（QB HOUSE）
- 指導員工剪髮時不要剪過多，維持髮型的自然，以提高顧客來店頻率（QB HOUSE）

以上舉的實例，尤其餐廳的例子中，還有一個共同點，就是成功打破連鎖業界的「常識藩籬」。

所有例子中的餐廳皆顛覆連鎖店的常識，堅持不用中央廚房，也不像多數連鎖店「因應顧客的各種喜好，增加菜單品項」。因為他們有明確的中心思想。

類比思考② 「向不相干領域借點子」

前文分析過許多向其他領域借點子的實例。

接下來，要想出新的連鎖餐廳點子。為此，必須先尋找「戰略的著眼點」。「尋找著眼點」指發現「變化點」，可能是一些徵兆不明顯，幾乎沒被注意到的事；或某種趨勢今後有加速的傾向等等。可以用以下三種方法來發現變化點：

①腦力激盪：盡量集合各種職務、專業領域、年齡及興趣的人，進行「尋找著眼點」的腦力激盪。參加者愈多元，就愈可能產生自身框架外的點子。

②看趨勢類書籍；如「20XX年的日本」、「觀光白皮書」之類說明社會廣泛趨勢或動向的書。這種匯集資料的書應該盡量多讀，可從中尋找靈感。

③城鎮調查[1]：如果從前兩種方法中找到幾個方向，就出發到街上觀察、蒐集必要的資訊；也就是說，要有目的地觀察。

例如，日本的外國觀光客愈來愈多，幾年後可能會達到一年兩千萬人次。外國人到日本旅遊的原因之一是「外國人漸漸知道日本的好」；因為日本有美食、美麗的自然景觀、觀光資源豐富、安全、交通又發達。

另一個原因是「日幣匯價偏低」。日幣曾在某個時期上漲，現在日幣則大幅下跌，二十年間持續通貨緊縮，對外國人來說日本的物價變得很便宜。

第三個原因是「中國、台灣、韓國、東南亞各國的經濟成長」，這些國家的中產階級愈來愈多。可以試著到大都市的購物街、觀光勝地觀察外國觀光客的情況，新聞若報導外國觀光客的需求，就把它記下來。

接著會發現，以外國觀光客、商務人士為目標顧客的連鎖餐廳尚未出現。

1 town watching，走在街上，觀察商店或街道上的人。是散步的樂趣，也是行銷學的手法之一。

嘗試成立基本構想的實例①

如果著眼點是「以外國觀光客為目標顧客的餐廳」，就從這裡出發，進入思考連鎖餐廳具體的「基本構想」階段。持續腦力激盪與城鎮調查，對基本構想的產生有幫助。也可以去聽外國觀光客的旅遊說明會，或到有許多外國觀光客的餐廳進行觀察。

持續觀察、思考，就能產生許多基本構想，如果覺得其中幾項看起來還不錯，就把那幾項具體化看看。此時要運用經由之前的餐廳實例分析而裝進「腦中檔案庫」的各種想法，盡量設計有吸引力的方案。

先試著以來到地方都市[2]的外國觀光客為目標顧客，擬出連鎖餐廳方案。東京、京都等大都市大部分餐廳密集，競爭非常激烈，但在地方都市，應該也有許多地區只有家庭式餐廳之類的普通餐廳。

如果當地人要吃稍微好吃一點的東西，可能必須到當地的著名餐廳。但只有大型家庭式餐廳和得來速餐廳，足以應付搭出租巴士巡迴觀光勝地的外國觀光客。日本各地都有特產，但要外國觀光客能愉快地享受，可說有相當難度。這項企劃的著眼點就在這裡。這樣的構想不但能賺錢，還能幫助日本地方再生。

構想①以地方都市的外國觀光客為目標顧客的連鎖餐廳

〈著眼點〉

這幾年來，有愈來愈多外國觀光客到日本各地旅遊。不只中國、東南亞，來自大洋洲、歐美的觀光客也增加了。不只從前就很熱門的景點，連過去外國人幾乎不來的地方，外國觀光客也蜂擁而至。以團塊世代[3]為主，屆齡退休，享受國內旅遊的年長者也愈來愈多。

可以想見，今後能因應搭大型巴士到國內旅遊的觀光客的餐廳，應該不太夠。

〈店鋪的詳細說明〉

- 設店場所……有許多外國觀光客的景點附近

---

2 尚未有正式定義，廣義指首都以外都市，狹義指首都圈東京、名古屋圈、京阪神以外的都市。（http://d.hatena.ne.jp/keyword/%C3%CF%CA%FD%C5%D4%BB%D4#keywordbody）

3 指日本戰後出生的第一代。狹義指一九四七～一九四九年戰後嬰兒潮出生者。

- 目標顧客……搭乘巴士前來的團客、開車前來的散客、當地顧客
- 競爭對手……當地經營的餐廳、遍布全國的家庭式餐廳
- 基本構想……使用當地新鮮食材的日本料理連鎖餐廳
- 達到的顧客價值……即使大團來店，客人也不用等待，很快就能吃到現做的美味料理

〈店鋪方針〉 ※括弧內為構想來源（從何處借來的點子）

①與當地農民、漁民合作，每天早上直接購買當地新鮮食材（四十八漁場）
②在一個地區密集開設幾間店，以降低購買當地食材與物流的成本（便利商店）
③店內不只有當地上等貨，也販賣玩具、卡通小飾品等外國觀光客可能想要的東西（便利商店）
④不用中央廚房，全部在店內烹調（餐廳共同點）
⑤菜單只有能在短時間內大量調理完成的菜色，以縮短顧客等待時間，提高顧客翻桌率（丸龜製麵）
⑥柴魚片上菜前才在店內現刨（大戶屋）、烏龍麵上菜前才在店內現切（丸龜製麵）

⑦有效利用新鮮食材的味道，選擇能以現做的方式提升美味的菜色（大戶屋）

⑧菜單品項有限，但每一種都非常好吃（餐廳共同策略）

⑨開發能大量製作美味料理的專用烹調器具（鳥貴族）

⑩入店時交給需要的顧客平板電腦，螢幕上顯示料理照片，文字說明使用客人的母國語言，做為顧客選擇料理的參考（SUPER HOTEL、QB HOUSE）

⑪團客在到店前就用手機APP點餐，由領隊將點餐內容傳到店裡（QB HOUSE）

⑫為了提供最好的服務，店員的問候語、禮儀等都經過徹底訓練（SUPER HOTEL）

⑬建築物外觀樸實無華，以降低成本。餐具與客人座椅則用高級品（SUPER HOTEL）

⑭店外設置電光顯示板，顯示店內的擁擠狀況，避免散客因在團客尖峰時段進入而久等（QB HOUSE）

圖表49是以上商業模式的因果關係地圖。

圖表49 鎖定外國觀光客的餐廳的因果關係地圖

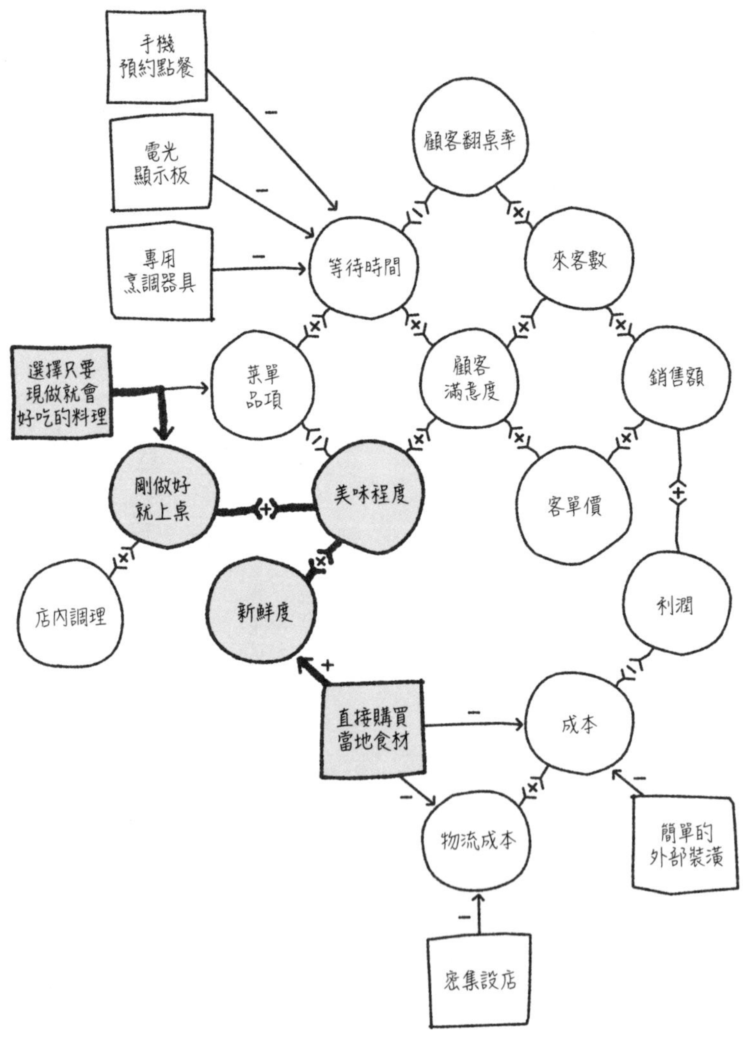

嘗試成立基本構想的實例②

接下來，試著思考以外國商務人士或觀光客為目標顧客的大都市連鎖居酒屋。

出過國的人就會發現，居酒屋這種業態是日本特有的。歐美喝酒主要是在酒吧、酒館之類地方。外國酒館雖然也供餐，但不會像居酒屋一樣有那麼多種菜色，客人也不會點各式各樣的料理，大家一起分食。

來日本的外國人（尤其喜歡喝酒聊天的人）中，也有許多喜歡日本的居酒屋。但就算在東京等大都市，對日本不熟悉的外國人也不會想去居酒屋。因為能說英語的店員很少，準備英文菜單的店也很少。因此，這項企劃中特別提出的構想是「外國人也能安心進入的居酒屋」。

構想②外國人也能安心進入的居酒屋

〈著眼點〉

跟隨東京奧運等日本觀光潮，日本都市一窩蜂蓋起高級飯店。外國住客中也有人想嘗試去日本居酒屋，但因為客人都是日本人，會覺得有點難跨進去。如果有能讓外國人輕鬆進入，並享受日本居酒屋文化的店，應該會大受歡迎。

〈店鋪的詳細說明〉

- 設店地點……大都市高級飯店附近
- 目標顧客……富有的外國旅客（富裕階級的觀光客或商務客）、日本商務人士
- 競爭對手……飯店的餐廳、周邊中、高級餐廳或酒吧
- 基本構想……用室內裝潢展現時尚，讓顧客在這樣的氛圍中享用居酒屋料理
- 達到的顧客價值……日本居酒屋料理的高級版本，對外國人而言，氣氛友善

〈店鋪方針〉

①設店地點選在租金便宜的一樓以外樓層（鳥貴族）
②裝設單獨客人也能自在使用的吧檯
③菜單品項雖有限，但每一種都非常好吃（餐廳共同策略）
④菜單以烤雞肉串等串燒類為主，同時開發專用烤肉架，能把肉烤得非常好吃（鳥貴族）
⑤店員向客人說明食材知識

⑥使用國產雞、和牛、國產豬等昂貴但好吃的食材

⑦酒以日本酒、燒酎、威士忌與國外的葡萄酒為主，客人可以在桌上設置的平板電腦上選擇、點餐（QB HOUSE）

⑧室內採用時尚的裝潢，為了讓客人輕鬆舒適，使用坐起來最舒服的高級椅子（SUPER HOTEL）

⑨為提供最好的服務，店員的問候語、禮儀等都經過徹底訓練（SUPER HOTEL）

以上商業模式的因果關係地圖如**圖表50**。

圖表50 鎖定外國顧客的居酒屋的因果關係地圖

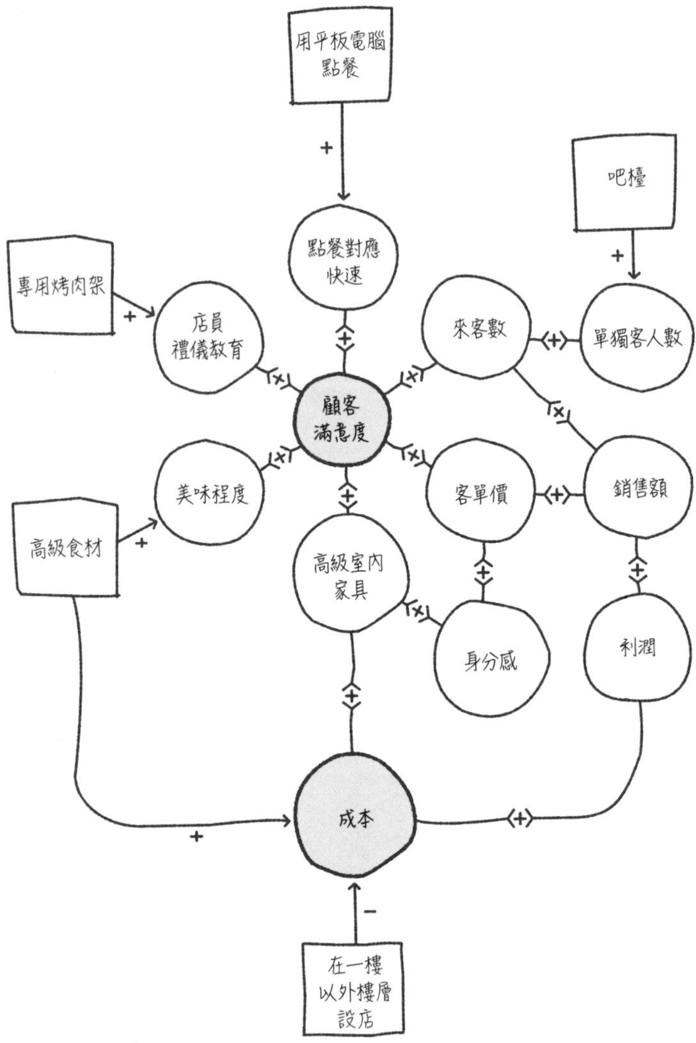

整理成企劃案

以基本構想為基礎，決定了主要策略之後，就整理成企劃案。製作企劃案時有以下重點：

- 可行性……能否確保銷售額與利潤？
- 實現可能性……實行的障礙是什麼？要用何種對策排除障礙？
- 差異化……跟其他的店比起來有哪些強項？會不會被輕易模仿？

餐飲業競爭非常激烈，如果是連鎖店，財務風險更大。如果企劃案說服力不夠，上司就不會接受。

以深思快想的方式產生的策略，因為是從其他餐廳或餐飲之外產業借來的，具有說服力，還能產生許多點子，因此，能從其中選出和其他連鎖店明確差異化、不容易被模仿的點子。

也就是說，深思快想是產生優秀企劃案的祕密武器。

寫企劃案時，建議一定要將內容整理在一張Ａ３紙上。豐田公司幾十年前就開始全公司都使用Ａ３報告書，亦即以固定的形式，刪除贅述，只把本質性、重要的事項集中於一張紙上。這樣的方式能緊湊地表達製作者的想法，是傳達與共享技術訊息的強力工具。

下頁的**圖表51**就是整理在一張Ａ３紙上的企劃案例子。企劃案應該分成「標題」、「背景」、「商業模式的基本構想」、「差異化的具體策略」、「策略與經營數字的因果關係地圖」、「進行財務模擬，分析可行性」這幾個部分。

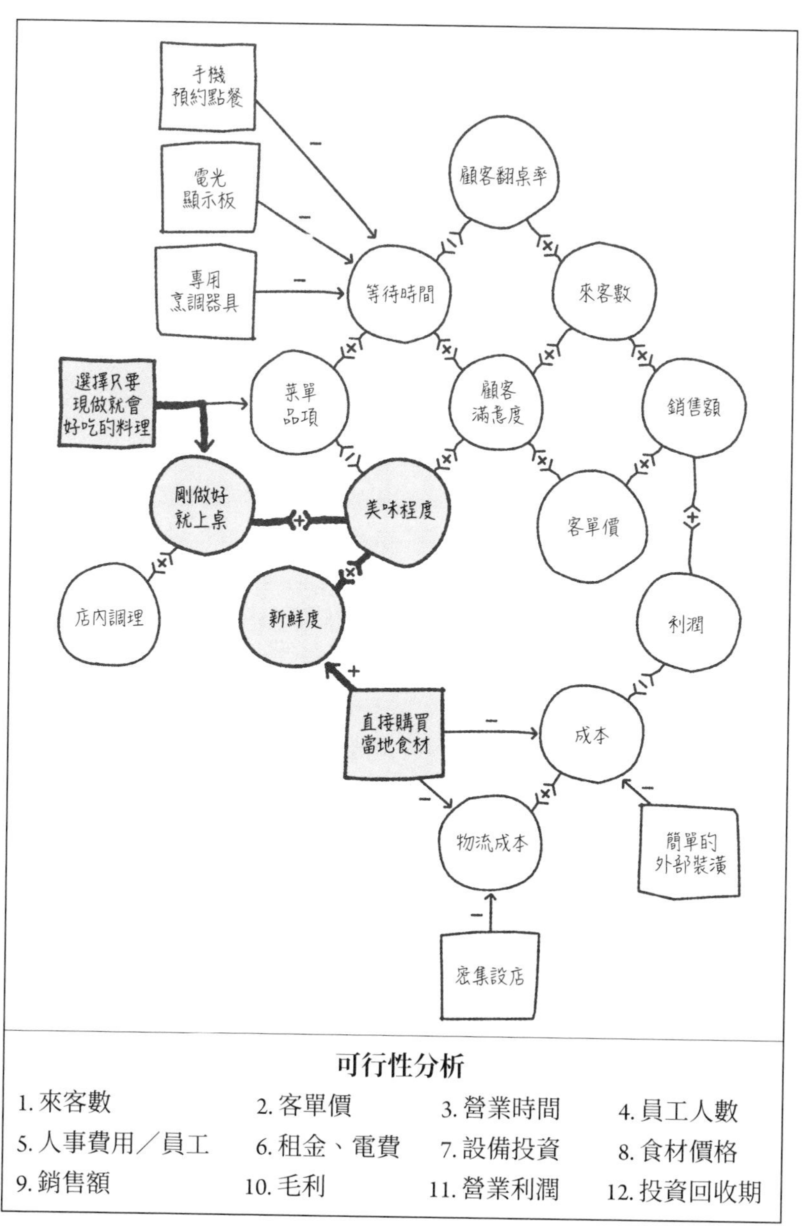
手機
預約點餐
電光
顯示板
專用
烹調器具
顧客翻桌率
等待時間
來客數
選擇只要
現做就會
好吃的料理
菜單
品項
顧客
滿意度
銷售額
剛做好
就上桌
美味程度
客單價
店內調理
新鮮度
利潤
直接購買
當地食材
成本
物流成本
簡單的
外部裝潢
密集設店
可行性分析
1. 來客數
2. 客單價
3. 營業時間
4. 員工人數
5. 人事費用／員工
6. 租金、電費
7. 設備投資
8. 食材價格
9. 銷售額
10. 毛利
11. 營業利潤
12. 投資回收期

圖表51 針對外國觀光客的連鎖餐廳企劃案

企劃提案

鎖定到地方都市旅遊的外國觀光客的連鎖餐廳

背景

這幾年來，有愈來愈多外國觀光客到日本各地旅遊。不只中國、東南亞，來自大洋洲、歐美的觀光客也增加了。不只從前就很熱門的景點，連過去外國人幾乎不來的地方，外國觀光客也蜂擁而至。以團塊世代為主，屆齡退休，享受國內旅遊的年長者也愈來愈多。可以想見，今後能因應搭大型巴士到國內旅遊的觀光客的餐廳，應該不太夠。

基本構想　使用新鮮食材的日本料理連鎖餐廳

設店地點	目標顧客	競爭對手	達到的顧客價值
有許多外國觀光客的景點附近	搭乘巴士的團客、開車前來的散客、當地顧客	當地經營的餐廳、遍布全國的家庭式餐廳	即使大團來店，客人也不用等待，很快就能吃到現做的美味料理

差異化對策

1. 與當地農民、漁民合作，每天早上直接購買當地新鮮食材
2. 一個地區密集開設幾間店，以降低購買當地食材與物流的成本
3. 店內不只有當地上等貨，也販賣玩具、卡通小飾品等外國觀光客可能想要的東西
4. 不用中央廚房，全部在店內烹調
5. 菜單只有能在短時間內大量調理完成的菜色，以縮短顧客等待時間，提高顧客翻桌率
6. 柴魚片上菜前才在店內現刨、烏龍麵上菜前才在店內現切
7. 有效利用新鮮食材的味道，選擇能以現做的方式提升美味的菜色
8. 菜單品項有限，但每一種都非常好吃
9. 開發能大量製作美味料理的專用烹調器具
10. 入店時交給需要的顧客平板電腦，螢幕上顯示料理照片，文字說明使用客人的母國語言，做為顧客選擇料理的參考
11. 團客在到店前就用手機APP點餐，由領隊將點餐內容傳到店裡
12. 為了提供最好的服務，店員的問候語、禮儀等都經過徹底訓練
13. 建築物外觀樸實無華，以降低成本。餐具與客人座椅則用高級品
14. 店外設置電光顯示板，顯示店內的擁擠狀況，避免散客因在團客尖峰時段進入而久等

思考祕訣⑥ 年近七十但不為工作困擾的A先生

我有個前輩A先生，年近七十，目前從事IT諮詢工作。現在工作漸入佳境，心情很好，但也忙到叫苦連天。

A先生還是上班族時，並不是做程式設計之類的工作，而是「要件定義」（requirements definition/RD）這種最上層的業務。這種工作必須到導入生產管理系統的客戶那裡，聽取客戶「因為何種目的、要做什麼事」，以此為基礎，定義出最適當的系統要件（亦即系統必備的特徵）。也許你不相信，能把這件事做得好的人才非常少。

A先生大學工程學系畢業後，在一九七〇年代進入大型電機製造廠就職。最初在工廠做生產管理的工作，當時美國剛生產「ＭＲＰ」（Material Requirements Planning，物料需求計畫）生產計畫系統，他學會了那套系統，成為ＭＲＰ書籍的共同作者。也就是說，A先生學習了以科學的方式改善ＩＥ（Industrial Engineering，工業工程）生產工程的手法，實際運用在職場上。

之後，他調到該電機製造廠的資訊系統販賣部門，支援製造業客戶導入生產管理系統的要件定義，做了幾十年。拜此之賜，他得以鍛練抽象化能力。即使到了一般人已開始過退休生活的年齡，他仍然繼續投入ＩＴ相關業務。

由於ＩＴ技術進步快速，新的知識很快就會過時。過去的程式設計師使用的程式語言是福傳語言（Fortran語言，Formula Translation Language）或通用商業語言（COBOL語言，Common Business Oriented Language），之後是C語言，現在則是JAVA、PHP，不斷改變。

不過，像A先生做的要件定義之類的「極上層業務」，所需能力一直未變。因為，生產管理工作本質上要做的事，這一百年來都沒變。

這就是真正的多面能力，即使改行也能充分發揮。

尾聲

把深思快想變成每日功課

更進一步

目前為止，你是不是很享受深思快想訓練呢？建議各位讀者藉著閱讀本書的機會，在日常生活中不斷嘗試深思快想。把深思快想變成每天的功課，有各式各樣的好處。

第一、面臨難題時，不會立刻採用腦中浮現的第一個解決策略，分析「根本原因」也會變得比較簡單。經由繪製因果關係地圖而訓練出來的抽象化思考能力，可讓你的腦海中瞬間浮現問題本質的結構，比較容易發現問題本質。而且，如果能將狀況抽象化，就能注意到自己的「常識藩籬」，產生超越既有框架的構想。

第二、憑抽象化思考無法想出解決策略時，也比較能運用類比思考，「向不相干領域借點子」。

類比思考的好處是，腦中檔案庫裡各種領域的想法裝得愈多，發想力就愈豐富。認為只有年輕人才有發想力，或認為發想力是天分，因而對發想力死心的人，經由努力，也能逐漸進步。

如果是三十、四十世代才開始把點子裝進腦中檔案庫，到了六十、七十歲，發想力還是能持續提高。因為年紀愈大，累積的智慧愈多，發想力比年輕時還高也並非不可能。

所以，以下我要介紹幾種任何人都做得到的日常訓練方法，平時我也這樣訓練自己。

日常生活中可做的訓練① 城鎮調查

這個方法在第五章曾稍微提過。日常生活中最容易做到的就是走到街上，觀察社會。人如果走過同一個地方很多次，腦部就不再輸入新訊息。所以可試著改變通勤路線，或到沒去過的街道或商店進行「城鎮調查」，比較會有收穫。

不過，如果只是漫不經心地在街上遊走，只能鍛鍊腰和腿，而非腦袋。重點是要提高訊息敏感度，邊走邊蒐集資料。也就是說要眼觀四面，在走路的同時，還要注意「有什麼事不一樣了？有沒有奇怪的事？」

如果看到停止營業的餐廳，可以思考「這間店為何會倒閉」。如果在長度幾百公尺的街道看到許多處方箋藥局，可以思考「為什麼只有這一帶開了這麼多間藥局」。

若發現任何主題，就試著建立與原因相關的「假設」。例如，有很多家處方箋藥局的地區，可以試著提出「這一帶老年人多」，或「附近有很多診所」等任何假設。

如果可以提出假設，大腦自然會開始尋找該假設的「證據」。不管最後能不能證明假設是真的，提出假設本身就有意義。

接下來的「商業模式研究」，可說是城鎮調查的進階。

日常生活中可做的訓練② 商業模式研究

比起城鎮調查，商業模式研究需要更多努力，但也更有趣。這個方法可分為以下四個步驟：

步驟① 發現有趣的店

在日本，比起低迷的製造業，服務業可說充滿革新的氣氛，每天身邊都出現許多新的店。先把它找出來吧！

發現有趣的店的方法，前文稍微提過。我建議大家收看電視的經濟節目。《追

夢高手》（追夢高手是國興衛視播出時的名稱，JET TV的名稱是《賺錢達人GOGOGO》）（ガイアの夜明け）、《寒武紀宮殿》（カンブリア宮殿）、《精打細算星期一！》（がっちりマンデ）等節目，每週都會介紹有特別策略的公司，也有許多商業類書籍討論有獨特經營方法的公司。

本書的練習題也有從這類節目或商業書籍中取材。可以用這種方式蒐集資料，找出各個公司的獨特措施、戰略。這也是本書介紹的做法。

步驟② 親自體驗

接著請到現場，體驗這些公司的服務下了哪些的特別功夫。如果是餐廳，就去品嚐餐點；如果是旅館，就去住住看。

已經從電視節目、書籍中知道該公司的獨特策略，如果自己再實際去確認，觀察眼光會比較銳利，也可能看到媒體沒介紹的策略。也就是說，「好不容易到了現場，應該要保持問題意識，仔細觀察」。

我有一次到「IKINARI steak」（立食牛排連鎖店），該店是有站位的速食餐廳，賣點是牛排點餐可用公克計算，每克平均六圓（約新臺幣一．六元）。花一千五百圓（約新臺幣四百零五元）左右，就可以吃到高品質的兩百五十克牛排，感覺是一般餐廳的半價。

吃牛排的同時，我也觀察店內情況、員工人數、烹調方法，思考「為什麼這麼便宜還是有利潤」。當然，如果成本績效（cost performance）這麼好，顧客翻桌率高、就能大量採購牛肉，壓低價格。這是這類連鎖店的慣例。

觀察廚房時，我發現負責烹飪的只有兩人，肉每次都是從整塊切下來，用大型烤肉架大火燒烤。上菜時，牛排放在厚鐵板上，客人就能在烤得剛剛好的時候吃到。

也就是說，我知道該店實行提升美味的策略（從肉塊切下高級牛肉後，馬上放上烤肉架燒烤），以及省時省力、降低成本的策略（許多牛排放在大型烤肉架上同時燒烤，熟度由顧客自行計時）。

附帶一提，如果觀察餐廳，就會知道許多店的廚房都是開放式，可以觀察到烹飪狀況。速食餐廳大部分都是如此。

此外，牆上貼著大張海報大小的葡萄酒一覽表，也就是說，這家牛排專賣店同時也賣葡萄酒。所以，我推測「這間店晚上召喚邊吃牛排邊喝葡萄酒的客人，提高客單價」。

也就是說，該店白天的策略是加速午餐時段的商務人士顧客翻桌率，夜晚的策略則是讓客人慢慢品嚐葡萄酒，提高客單價。抱著問題意識到這種有特殊商業模式的店，會強烈激起知識的好奇心，同時也是深思快想的訓練。

步驟③　繪製因果關係地圖

用以上方式獲得資料後，接著以這些資料為基礎，繪製因果關係地圖。可以參考本書介紹的其他地圖，比較相同與相異處。若發現本書例子中沒有的特殊策略，及其背後的因果關係，就是個大發現。

看電視、看書、親自體驗獨特的服務，抱持問題意識進行觀察、繪製因果關係地圖，腦中檔案庫就會不斷加入新知識。這樣的知識是包含因果關係、具有深度的知識，一定會讓大家的構想更豐富。常在日常生活中做這些功課，腦中便會加入許多材料，需要時就能產生比過去更大規模的構想。

步驟④　向不相干領域借點子

如果親自去店裡，不只要發現獨特策略，還要思考腦中檔案庫裡其他連鎖店的策略中，有沒有可以借用的點子。思考「丸龜製麵的某個點子如果用在牛排上會發生什麼事」，也是很有趣的事。

如果日常生活中能進行類比思考，就可試著積極地運用在工作上。工作上如果遇到障礙，就要去尋找「世界上有沒有哪個公司、服務或產品已經解決這個問題」。反覆進行步驟一至三，腦中檔案庫理應該會裝滿精彩的點子。把這些點子拿來用，保證會令大家驚歎不已。

日常生活中可做的訓練③　從「因果關係」思考歷史

我是典型的理組人，以前對歷史有成見，認為它是「背誦的科目」，所以並不喜歡。

不過如前文所說，為了編深思快想的訓練教材，製作歷史因果關係地圖的練習題，我讀了幾十本歷史書，現在已完全迷上歷史。因為藉由繪製歷史因果關係地圖，讓我漸漸能夠理解歷史的大致過程。

因此，我想建議對歷史有興趣的讀者，閱讀歷史書，畫出因果關係地圖。不過我比較建議具有強烈「因果關係」意識的書，而不是一般的歷史書籍。以下幾本供各位參考：

《從地形解讀日本史》（日本史の謎は「地形」で解ける），竹村公太郎，PHP文庫

《把日本史用「線」連接起來會很有趣》（日本史は「線」つなぐと面白い），童門冬二，青春文庫

《歷史變有趣了 東大的深入日本史》（歴史が面白くなる 東大のディープな日本史）相澤理，KADOKAWA／中経出版

《歷史變有趣了 東大的深入世界史》（歴史が面白くなる 東大のディープな世界史）祝田秀全，KADOKAWA／中経出版

《歷史變有趣了 深入的戰後史》（歴史が面白くなる ディープな戦後史）相澤理，KADOKAWA／中経出版

在工作上自在運用深思快想

以愉快的心情持續訓練，深思快想就能在工作上發揮作用。

千萬別忘了「Baby Steps Lead to Giant Stride（持續踏著幼兒的步伐往前走，就能得到大突破）」這句話，請每天都踏出一小步，持續一年後，你的思考、發想能力都會進步到讓人認不出來，這表示你能做「電腦無法取代的工作」。

在工作上用深思快想的方法有很多。

例如，把因果關係地圖當做職場溝通工具，是非常有效的。在還不清楚該做什麼的階段，用因果關係地圖讓大家看到目前已知事物的整體結構，能加深大家的理解，讓大家都知道問題的本質。因果關係地圖可以當做職場工作的方法（業務過程），分析問題發生的原因（找出根本原因）、商業模式的機制、產品的因果關係等等，是所有業務領域皆能使用的工具。

此外，如同本書中各式各樣的例子所說明的，類比思考對提高發想力非常有效，若能運用類比思考，想出新的商業模式、棘手問題的解決策略、新商品或服務的基本構想，就能產生許多突破常識藩籬的點子。

希望本書能對各位的工作多少有點幫助。

結語

在對日本企業產開發部門的工程師推廣「精實產品開發」的過程中，我研究出本書所介紹的「深思快想」訓練，讓它普及化。藉著撰寫本書的機會，我漸漸能把這項訓練方法推廣給全日本的職場人士，再進一步推廣到國外企業，甚至日本的大學教育。

關於國外的推廣，我在緒論提過，我曾受邀參加精實產品開發的國際會議，開設深思快想訓練的工作坊。

主辦單位同時舉辦三場工作坊，參加者能自由參加其中一場，但我的工作坊參加人數最多，有二十五人以上。參加者包括飛利浦（Philips）、戴森（Dyson）等電機廠商，還有歐洲各種產業開發部門的重要人物。

在工作坊中請參加者做的練習題，除了本書中吸塵器的問題外，還有在航空公司顧客滿意度調查中表現亮眼的「新加坡航空的商業模式」等等。這樣的訓練參加者都非常感興趣，也很努力去做那些練習題。

二〇一六年秋天開始，我在東北大學博士班開設深思快想訓練課程。除了社會人士，也能將深思快想推廣到學生，這讓我欣喜若狂，也覺得很有挑戰性。

在我推廣這項訓練的過程中，更確定這才是能提高現在日本企業的競爭力、使日本經濟復甦的重要人才教育法。經由這項訓練所獲得的能力，對思考新商品構想、商業模式、解決棘手問題都非常有幫助。請各位讀者今後務必努力實踐深思快想。

二〇一六年五月

——稻垣公夫

參考文獻

稻垣公夫、成沢俊子，《用豐田式Ａ３報告書開發產品——用一張Ａ３紙，不需返工就能生產出暢銷商品》，日刊工業新聞社

稻垣公夫編，《豐田式Ａ３資料製作方法》，宝島社

畑村洋太郎，《畑村式理解技巧》，講談社現代新書

細谷功，《類比思考——看穿「結構」與「關係」》，東洋經濟新報社

竹村公太郎，《從地形解讀日本史》，ＰＨＰ文庫

細谷功，《具體與抽象：換個角度，就會看到不一樣的世界！》，dZERO（台灣由晨星出版）

赤羽雄二，《零秒思考力：全世界最簡單的腦力鍛鍊》，鑽石社（台灣由悅知文化出版）

葛瑞格・麥基昂（Greg McKeown）著，高橋璃子譯，《少，但是更好》（*Essentialism: The Disciplined Pursuit of Less*），kanki出版（台灣由天下文化出版）

雅特・馬克曼（Art Markman）著，早川麻百合譯，《向專家學思考：掌握3個重點，人人都能活用知識，聰明解決問題》（*Smart Thinking: Three Essential Keys to Solve Problems,*

Innovate, and Get Things Done）, CCC Media House（台灣由遠流出版）

唐內拉・梅多斯（Donella H. Meadows）著，知廣淳子譯，《系統思考：克服盲點、面對複雜性、見數又見林的整體思考》（*Thinking in Systems: A Primer*），英治出版（台灣由經濟新潮社出版）

安西祐一郎，《心與腦——認知科學入門》，岩波新書

Daniel T. Willingham, Jossey- Bass,《為什麼學生不喜歡上學：一個認知科學家回答心智如何作用，又對教室有何意義》（*Why Don't Students Like School: A Cognitive Scientist Answers Questions About How the Mind Works and What It Means for the Classroom*）

William Byers《深入思考：關於心智，數學可以教給我們什麼》（*Deep Thinking:What Mathematics can Teach Us About the Mind*）, World Scientific

Douglas Hofstadter&Emmanuel Sander，《表象與本質：類比是思考的燃料與火焰》（Surface and Essences: Analogy As the Fuel and Fire of Thinking）, Basic Books

John Pollack,《創新的本能：類比思維的力量》（*Shortcut: How Analogies Reveal Connections, Spark Innovation, and Sell Our Greatest Ideas*）, Avery

Morgan D. Jones,《思考者的工具箱：解決問題的有效方法》（*The Thinker's Toolkit: Powerful Techniques for Problem Solving*）, Crown Business

JOB GUIDE 02

深思快想
瞬間看透事物「本質」的豐田思考術

作　者　稲垣公夫
譯　者　林　雯
美術設計　許紘維
排　版　張彩梅

社　長　郭重興
發行人兼出版總監　曾大福
第六編輯部總編輯　魏珮丞
出 版 者　遠足文化事業股份有限公司
地　址　231 新北市新店區民權路 108-2 號 9 樓
電　話　（02）2218-1417
傳　真　（02）2218-8057
郵撥帳號　19504465
客服信箱　service@bookrep.com.tw
官方網站　http://www.bookrep.com.tw
法律顧問　華洋國際專利商標事務所 蘇文生律師
印　製　呈靖印刷

初版七刷　2018 年 12 月
定　價　300 元
ISBN　978-986-95006-5-4

國家圖書館出版品預行編目 (CIP) 資料

深思快想：造就豐田模式的獨特思考力 / 稲垣公夫著；林雯譯.
-- 初版. -- 新北市：遠足文化, 2017.08
224 面；14.8 ╳ 21 公分. -- (Job guide ; 2)
譯自：深く、速く、考える。「本質」を瞬時に見抜く思考の技術
ISBN 978-986-95006-5-4（平裝）
1. 企業管理 2. 創造性思考　494.1　106011619

JOB
GUIDE

向智者學習